U0151588

DISCOVER UNIVERSITY

什么是
海洋科学？

WHAT
IS
MARINE SCIENCE?

管长龙　主编

大连理工大学出版社
Dalian University of Technology Press

图书在版编目(CIP)数据

什么是海洋科学？/ 管长龙主编. -- 大连 ：大连
理工大学出版社，2024.1
ISBN 978-7-5685-4371-2

Ⅰ．①什… Ⅱ．①管… Ⅲ．①海洋学－科学史 Ⅳ．
①P7

中国国家版本馆 CIP 数据核字(2023)第 102864 号

什么是海洋科学？
SHENME SHI HAIYANG KEXUE?

策划编辑:苏克治
责任编辑:李舒宁
责任校对:张　泓
封面设计:奇景创意

出版发行:大连理工大学出版社
　　　　　(地址:大连市软件园路 80 号,邮编:116023)
电　　话:0411-84708842(发行)
　　　　　0411-84708943(邮购)　0411-84701466(传真)
邮　　箱:dutp@dutp.cn
网　　址:https://www.dutp.cn

印　　刷:辽宁新华印务有限公司
幅面尺寸:139mm×210mm
印　　张:5.625
字　　数:95 千字
版　　次:2024 年 1 月第 1 版
印　　次:2024 年 1 月第 1 次印刷
书　　号:ISBN 978-7-5685-4371-2
定　　价:39.80 元

本书如有印装质量问题,请与我社发行部联系更换。

出版者序

高考，一年一季，如期而至，举国关注，牵动万家！这里面有莘莘学子的努力拼搏，万千父母的望子成龙，授业恩师的佳音静候。怎么报考，如何选择大学和专业，是非常重要的事。如愿，学爱结合；或者，带着疑惑，步入大学继续寻找答案。

大学由不同的学科聚合组成，并根据各个学科研究方向的差异，汇聚不同专业的学界英才，具有教书育人、科学研究、服务社会、文化传承等职能。当然，这项探索科学、挑战未知、启迪智慧的事业也期盼无数青年人的加入，吸引着社会各界的关注。

在我国,高中毕业生大都通过高考、双向选择,进入大学的不同专业学习,在校园里开阔眼界,增长知识,提升能力,升华境界。而如何更好地了解大学,认识专业,明晰人生选择,是一个很现实的问题。

为此,我们在社会各界的大力支持下,延请一批由院士领衔、在知名大学工作多年的老师,与我们共同策划、组织编写了"走进大学"丛书。这些老师以科学的角度、专业的眼光、深入浅出的语言,系统化、全景式地阐释和解读了不同学科的学术内涵、专业特点,以及将来的发展方向和社会需求。希望能够以此帮助准备进入大学的同学,让他们满怀信心地再次起航,踏上新的、更高一级的求学之路。同时也为一向关心大学学科建设、关心高教事业发展的读者朋友搭建一个全面涉猎、深入了解的平台。

我们把"走进大学"丛书推荐给大家。

一是即将走进大学,但在专业选择上尚存困惑的高中生朋友。如何选择大学和专业从来都是热门话题,市场上、网络上的各种论述和信息,有些碎片化,有些鸡汤式,难免流于片面,甚至带有功利色彩,真正专业的介绍尚不多见。本丛书的作者来自高校一线,他们给出的专业画像具有权威性,可以更好地为大家服务。

二是已经进入大学学习,但对专业尚未形成系统认知的同学。大学的学习是从基础课开始,逐步转入专业基础课和专业课的。在此过程中,同学对所学专业将逐步加深认识,也可能会伴有一些疑惑甚至苦恼。目前很多大学开设了相关专业的导论课,一般需要一个学期完成,再加上面临的学业规划,例如考研、转专业、辅修某个专业等,都需要对相关专业既有宏观了解又有微观检视。本丛书便于系统地识读专业,有助于针对性更强地规划学习目标。

三是关心大学学科建设、专业发展的读者。他们也许是大学生朋友的亲朋好友,也许是由于某种原因错过心仪大学或者喜爱专业的中老年人。本丛书文风简朴,语言通俗,必将是大家系统了解大学各专业的一个好的选择。

坚持正确的出版导向,多出好的作品,尊重、引导和帮助读者是出版者义不容辞的责任。大连理工大学出版社在做好相关出版服务的基础上,努力拉近高校学者与

读者间的距离,尤其在服务一流大学建设的征程中,我们深刻地认识到,大学出版社一定要组织优秀的作者队伍,用心打造培根铸魂、启智增慧的精品出版物,倾尽心力,服务青年学子,服务社会。

"走进大学"丛书是一次大胆的尝试,也是一个有意义的起点。我们将不断努力,砥砺前行,为美好的明天真挚地付出。希望得到读者朋友的理解和支持。

谢谢大家!

苏克治

2021 年春于大连

前　言

海洋覆盖地球表面的 71％，是地球的生命之源，调节着全球的气候，为人类提供资源和能源。但是，海洋正面临着诸多威胁——过度捕捞导致渔业资源枯竭，海洋污染严重影响海洋生态系统，气候变化引发海平面上升和海洋酸化，等等。我们身处一个需要更多海洋科学知识的时代，因为海洋问题已经成为全球共同关注的焦点。那么，海洋科学究竟是什么？海洋科学学什么？学完海洋科学能做什么？本书作为介绍海洋科学的科普读物，将聚焦以上三个问题，解决同学们在专业选择方面的困扰。

本书首先介绍了海洋的概观，包括地球上的海洋和

海洋的历史;其次,介绍了人类认识海洋的过程,包括人类认识海洋的三个时期、海水的运动、海洋资源、海洋灾害和海洋与气候;再次,介绍了海洋科学研究方法,包括海洋观测、实验室研究和海洋数值模拟;然后,介绍了我国海洋科学教育,包括海洋科学教育体系、相关专业和国内知名高校;最后,介绍了海洋科学就业前景,包括行业前景和主要行业发展情况及海洋科学专业毕业生去向。全书由管长龙负责统稿,中国海洋大学孙建教授、王真真副主任参与了书中部分内容的撰写工作。

希望读者通过阅读本书,能够对海洋科学产生兴趣,踏上海洋科学探究之旅。本书编写过程中力求深入浅出,以便广大读者在短时间内获取相应信息。但是,海洋科学是一门涉及多学科交叉的综合性科学,由于作者专业所限,在内容上仍难以兼顾各学科内容的完整性,恳请读者不吝赐教。

编　者
2023 年 6 月

目　录

地球是个蓝色的水球

沧海先迎日,银河倒列星。

——杜甫

▶▶ 地球上的海洋

➡➡ 海洋连通陆地

✦✦ 地球概述

无论是首位进入太空的苏联航天员加加林,还是我国第一位进入太空的航天员杨利伟,从太空中俯瞰地球的第一印象都是:这是个蔚蓝色的星球,以蓝色为基色,镶嵌着黄绿色的斑块,点缀着白色的云朵。蓝色是广袤的海洋,黄绿色则是广阔的陆地,整个地球看上去是个以

蓝色为底色的美丽球体。

✢✢ 海陆分布

地球表面分为陆地和海洋两部分,其中陆地面积占地表总面积的29.2%,海洋面积占地表总面积的70.8%,海陆面积之比约为2.5:1。可见地表大部分为海水所覆盖,我们人类居住的看似辽阔的陆地实际上不过是几个点缀在一片汪洋中的"岛屿"而已。我们称自己居住的星球为地球(Earth),但它却是个不折不扣的"水球"。

地球上的海洋相互连通,构成统一的世界海洋;陆地则相互分离,所以没有统一的世界大陆。在地球表面,海洋包围、分割所有的陆地,而不是陆地分割海洋。不管南半球还是北半球,海洋所占的比例都高于陆地。曾有人通过计算去找陆地面积最大的半球,这个半球的中心位于$1°32'$W、$47°13'$N的西班牙东南沿海,陆地占全球陆地面积的81%,陆地在此半球内最大限度地集中,这一半球被称为陆半球。但即使在陆半球内,海洋面积(占52.7%)仍大于陆地面积(占47.3%)。

✢✢ 海洋与大气

海洋的上边界是大气,海洋与大气之间时刻进行着气体和能量的交换。海洋在碳循环过程中会吸收大气中的二氧化碳,这在全球气候系统中起着重要作用。二氧化碳既可以溶于水,也可以被浮游植物和微小的类植物生物吸收。海洋中含有大量的浮游植物,这使得海洋成为气候系统中吸收二氧化碳最多的部分,是巨大的二氧化碳沉淀池。据统计,海洋中的碳储藏量是空气中碳储藏量的50倍。

因此,海洋、陆地、大气和生物之间的和谐作用形成了现在美丽宜居的蔚蓝色星球——地球。

➡➡ **一对孪生兄弟**

✢✢ **海与洋**

在汉语里,我们常用"海洋"这个词来统称地球上最为广阔宏大的水体。然而,"海"和"洋"的概念是有差别的。

"洋"是海洋的主体,是海洋的中心部分,一般远离陆地,面积大且水深,水的深度一般在2 000米以上。大洋中的水体相对清澈,水色湛蓝,太阳光能透过的深度大。通常来讲,"洋"中水的温度、盐度等海洋水文要素变化不大。

"海"则是海洋的边缘部分,面积小且水浅,水的深度一般在2 000米以内。"海"离岸较近,受陆地影响大,因此,海水相对于大洋中的水要浑浊。海水颜色偏黄绿色,

太阳光透过的深度小。同时，水温和盐度等海洋水文要素受陆地影响大，有明显的年、季变化。

❖❖ 四大洋

世界大洋通常被分为四大部分，即太平洋、大西洋、印度洋和北冰洋。

太平洋面积最大，总面积约为 1.8 亿平方千米；深度最深，平均深度为 4 028 米；最宽的东西距离可达半个赤道的长度。太平洋北侧通过白令海峡与北冰洋相接，东侧与大西洋的界线为经过南美洲最南端的合恩角的经线（68°W），西侧与印度洋的界线为经过塔斯马尼亚岛的经线（146°51′E）。太平洋东部的海底地形以洋脊为主；东北部为洋盆，上有断裂带；中部海山集中，群岛数量较多；北部和西部多岛弧、海沟和边缘海。深度超过万米的 6 条海沟全部在太平洋，其中马里亚纳海沟最深处为 11 034 米（1957 年俄罗斯航具"维塔兹"号回报测得）。

大西洋是世界第二大洋，总面积约为 0.82 亿平方千米，约占世界大洋面积的 1/4，平均深度为 3 627 米。位于南北美洲大陆和欧非大陆之间，南接南极大陆，北通北冰洋，是一片狭长的、两岸几乎平行的 S 形水域。大西洋与印度洋的界线是经过非洲南端厄加勒斯角的经线（20°

E)，与北冰洋的界线则是从斯堪的纳维亚半岛的诺尔辰角经冰岛、丹麦海峡至格陵兰岛南端的连线。大西洋在赤道的区域像人的腰部一样向里收缩，把大洋分成南、北大西洋两部分。南大西洋平直无附属海，北大西洋迂回曲折，多岛屿、港湾和附属海。大西洋海底最突出的形态特征是沿大洋中轴有一条纵贯南北的海底山脉——大西洋中脊，把洋底分成东、西对称的两半。

印度洋是世界第三大洋，总面积约为0.75亿平方千米，约占世界大洋面积的1/5，大部分在南半球，平均深度为3 897米，超过大西洋，最大深度为7 450米。印度洋中脊呈"入"字形，且数据表明印度洋中脊的东南-中央部分（"入"字的"㇏"）造成的海底扩张速度比西南部分（"入"字的"㇒"）要快得多。

北冰洋位于北极圈内，大致以北极为中心，被亚欧大陆和北美洲所环抱。北冰洋是四大洋中面积最小（约为0.14亿平方千米）、水深最浅（平均水深为1 200米）、水温最低的大洋（水温大部分时间在0℃以下）。其最深处为南森海盆，深度为5 450米。北冰洋具有世界上最宽的大陆架，最宽处可达1 000千米。北冰洋岛屿很多，数目仅次于太平洋，主要岛屿有格陵兰岛、斯瓦尔巴群岛和北极群岛等。

地球是个蓝色的水球

❖❖ 南大洋

"南大洋"这一名词在海洋科学研究中经常会被提到,它是指太平洋、大西洋和印度洋靠近南极洲的一片海域,定义为从南极大陆到40°S为止的海域。这片海域是一个较为独立的水文实体,水团结构与众不同,环流系统自成体系,散布在全球的大洋底部密度最大的海水都是在南大洋形成的。

❖❖ 海的知识

尽管海的面积只占世界海洋总面积的9.7%,但从地理的角度来看,海的数量众多。国际水道测量组织的有关资料表明,全世界共有54片海。根据所处的地理位置和被大陆孤立的程度,海又被归为不同的类别。比如地中海和加勒比海,它们是位于大陆之间的海,其面积和深度都比较大,被称为"陆间海"。像东海和红海,位于大陆的边缘,海的外侧虽通过半岛、岛屿或群岛与大洋分隔,但与大洋水体交换通畅,这类被称为"边缘海"。还有伸入大陆内部的海,面积小且受周围大陆影响大,被称为"内海",如渤海和波罗的海等。

尽管"海"和"洋"体量不同、特点不一,却似一对孪生兄弟,构成了全球庞大而又深邃的海洋世界。

➡➡ 谁在为海兜底?

✤✤ 两个平坦面和两个斜面

如果以海平面为基准向下研究海底的地形,那么我们会发现,海底大致可分为两个平坦面和两个斜面。

✤✤ 海底地貌(大陆架、海盆、大陆坡、中央海岭)

从大陆延伸出的离陆地较近的平坦面被称为"大陆架"。平坦面大概在 200 米水深的地方开始转为斜面,大陆架则在坡度显著增大的转折处终止。大陆架面积占海底总面积的 12%,平均坡度只有 0.1 度。

较深的平坦面在水深约为 4 000 米的位置,这一部分被称为"海盆"。虽然同在海底,但是构成大陆架和海盆的地壳岩石类型是不同的,前者是较轻的花岗岩,后者是较重的玄武岩,两种地壳岩石比重的不同造成其在分层深度上的差异。海盆面积占海底总面积的 45%,地形较为平坦。广阔的海盆中,也分布着丘陵状的海山以及海峰、海底高原,构成了奇特而又壮观的海底世界。

在大陆架外侧,坡度显著增大的第一个斜面被称为"大陆坡",是地球表面最陡的全球性大斜坡。它的平均

坡度为 4.3 度,最大坡度可达 45 度。大陆坡上分布着海底峡谷,这是一种由于奇特的侵蚀作用在大陆坡上形成的深邃的凹槽地形。

太平洋海盆周边往往存在着第二个斜面,这是在板块的俯冲作用下形成的深海凹地,横剖面呈不对称的"V"形,我们称之为"海沟"。海沟长数百至数千千米,平均坡度为 5～7 度,水深一般超过 6 000 米。海沟靠近大陆的一侧坡陡,而靠近大洋的一侧坡缓。全球共识别出海沟 20 多条,绝大多数分布在太平洋周边。

海盆当中还存在着贯通世界四大洋的海底山脉系列,它们被称为"中央海岭"。海盆有世界上规模最大、长度最长的海底山脉,全长约 6.5 万千米,顶部水深大多在 2～3 千米,高出盆底 1～3 千米,有的露出海面成为岛屿,宽数百至数千千米不等。

▶▶ 海洋的历史

➡➡ 滴水成海——海洋形成

地球上的海洋究竟形成于什么时候呢?海水的容量是否也随着地球的演化而不断变化呢?

✛✛ 地球形成初期

在地球形成初期,原始的地球是一个"火球"。它在运动过程中逐步冷却,首先形成了原始的圈层结构——地核、地幔、地壳和大气圈。据推测,在当时上地幔的大部分物质因高温而处于融化状态,被称为"岩浆海洋"。因为水汽易溶于岩浆,一部分水汽被岩浆所吸收,剩余的留存于原始大气中。现代火山排出的气体中,水汽含量往往占75%以上。据此可推测出,地球的原始物质中水的含量应当较高。在地壳薄弱的地方,水汽连同高温气体和岩浆被急剧地释放出来,不断进入原始大气中。据推测,原始大气中水汽所形成大概为200～300个大气压,与现在平均深度海水所形成的压力大致吻合。

✛✛ 原始海洋形成

后来,地球变冷,原始大气中的水汽经过冷却凝结成液态水,在地球引力作用下,以降雨的形式落到地面,积存于地势低洼处。从此,地球迎来了雨水泛滥的时代。倾盆大雨使地表继续冷却,而地表的持续冷却会导致大气从地表获得的热量不断减少,从而加速原始大气的冷却进程。大约经过数百年的时间,原始大气中几乎所有的水汽都降到地表上,形成了原始海洋。据推测,当时的

年降水量可达 10 米以上,如此巨大的降水量是我们如今难以想象的。有些火山气体可溶于水,转移到原始海洋中,而其他微溶或不溶于水的气体则组成了原始大气圈。上述过程大概发生在原始地球形成初期的 1 亿～2 亿年。

原始海洋形成后的数亿年间,海底一直被一层薄薄的玄武岩地壳所覆盖。那时,太阳系中小行星之间的碰撞十分频繁,这是今天所无法相比的。这些碰撞引发了多次规模庞大的海啸以及海底火山的爆发,地球上的大气、海洋和地壳以不可思议的速度交换着物质与能量。最终,在原始地球诞生后的 6 亿年左右,天体之间的碰撞减少,地球上的环境逐渐平稳并达到平衡状态。那时,地幔冷却,"岩浆海洋"的上层逐渐变硬、变冷,地幔开始进行有规律的对流运动,板块运动随之开始。

➡➡ **一个大胆的猜想——大陆漂移知识**

✧✧ **大陆漂移知识**

虽然现在地球表面存在着亚欧大陆、美洲大陆、非洲大陆和南极洲大陆等多个大陆,也存在着太平洋、大西洋、印度洋和北冰洋等多个大洋,但在 2 亿年前地球上只有一块庞大的大陆和一片广阔的大洋。当时的大陆就像现在所有的大陆合起来那么大,被称为"泛大陆"。泛大陆约占地球表面积的 1/3,剩下的 2/3 则是被称为"泛大洋"的海洋。

泛大陆在距今 1.8 亿年前开始分裂,在分裂中形成新的独立的大陆和大洋。大陆以每年几厘米的速度移动着,运动了几千万年乃至 1 亿多年后便形成了大西洋和印度洋等大洋。比如,美洲大陆和亚欧大陆的分离形成了大西洋,而南极洲大陆和非洲、澳大利亚大陆的分离形成了印度洋。到距今约二三百万年之时,不断漂移、分裂的大陆形成了如今大洲、大洋的分布局面,而泛大洋(古太平洋)收缩成为现今的太平洋。

目前,大西洋海盆在形成演化阶段上属于成年期,仍在以每年 3 厘米左右的速度扩张,同时印度洋也在以每年 4～7 厘米的速度不断增加着宽度。而太平洋则属于衰退期,在不断地收缩。像红海、亚丁湾这样与岸线近似平行的狭长海域则属于幼年期,两边的陆块会加速分离,从而在未来诞生新的大洋。

✛✛ 魏格纳的故事

大陆漂移的发现体现着科学家大胆假设、小心求证的品质,这背后的故事为人所称道。1910 年的一天,躺在病床上的魏格纳在凝视大西洋地图时,突然注意到:南美

洲东海岸与非洲西海岸的岸线如此接近,不仅巴西海岸的大直角凸出部分和喀麦隆附近的海岸线凹进完全吻合,而且自此以南一带,巴西海岸的每一个凹进和凸出部分,都和非洲海岸线形状相对应。魏格纳猜想:它们有没有可能原本就是拼合在一起的统一的陆块,后来陆块产生裂缝而逐渐漂移开来,成为目前的样子? 之后一个偶然的机会,魏格纳读到一篇论文,论文中有这样一个结论:"根据古生物的证据,巴西与非洲间曾经有过陆地相连。"这使魏格纳深受启发,并着手搜集证据来证明自己的猜想。他于1915年著成《海陆的起源》一书,全面系统地论述了大陆漂移问题。然而由于缺乏洋底的地质资料,并且未能合理地解释大陆漂移的动力机制,大陆漂移说盛行一时后便走向衰落。直到20世纪60年代,海底扩张-板块构造学说的创立赋予人们大陆漂移说的新认识。

魏格纳的猜想是大陆漂移说形成的发端。实际上,猜想与反驳是科学发现的两大重要环节。科学家根据问题,大胆进行猜想,努力根据科学事实提出尝试性假说,然后通过观测排除错误,不断检验、修改甚至推翻假说,从而形成真实而又客观的理论。

➡➡ **曾经沧海难为水——海陆变迁与冰川时代**

✤✤ **沧海桑田——地壳变动形成的海陆变迁**

现代科学研究表明,造成海陆变迁的原因有很多,如地壳的变动和海平面的升降。同时,人类活动也会造成海陆的变化,如填海造陆等。据卫星观测,近几十年的海平面高度正以每年大约2.5毫米的速度持续上升。

实际上,在地球漫长的演化历史中,海洋曾数次大规模地入侵陆地。最近的一次是在距今约1亿年前的白垩纪,即恐龙生存的时代。那时候气候温暖,海水淹没了大部分的陆地,北美洲、欧洲、北非、中东等地区的大部分或一部分陆地都被海水浅浅地覆盖着。比如北美大陆内部,北起北冰洋南到墨西哥湾,都被宽约1 500千米的内陆海所占据。

据推测,当时的海平面比现在高300米。令人费解的是,即便将当前两极的冰川全部融化,也只能使海平面上升70米。地质学家将其解释为:海底深度与地质年代存在一定关系。在白垩纪,火山活动频繁,海底的伸展速度很快。因此,海底不断变浅,从而使海平面升高。现今许多白垩物质(海洋生物残骸形成的疏松钙质沉积物)沉积于海底,堆积形成白垩层,白垩纪也由此得名。白垩层

地球是个蓝色的水球

的分布从爱尔兰延伸至丹麦、德国,一直到南俄罗斯。在英、法海峡两岸,经常会见到白色的由碳酸钙沉积岩形成的美丽悬崖。

✦✦ 冰期和间冰期——新生代冰川时代

进入新生代之后,分裂的大陆在运动中产生挤压和碰撞,交界处形成山脉,比如现在的阿尔卑斯山及喜马拉雅山等。海底的火山活动减少,海平面也随之下降。山脉的侵蚀风化频繁,河流将大量的营养物质运送至海中,于是海洋中的养分不断增多,海洋生物开始增长。海洋生物的丰富又使得原本在白垩纪上升的大气中的二氧化碳浓度慢慢降低,温室效应减弱,地球开始变冷,使得两极冰川再次出现,地球再度开启了冰川时代(上一次的冰川时代还是 2.5 亿年前的石炭-二叠纪大冰期)。这次离我们最近的冰川时代被称为第四纪冰期,据考证其开始于大约 200 万年前。

冰川时代开启后,由地球公转轨道变化所导致的太阳辐射的周期性变化成为气候变化的主要因素之一。地球轨道的变化是有规律的,像钟摆一样周期性摆动,这个周期或者约为 2 万年,或者约为 4.1 万年,又或者约为 10 万年。这三个周期结合在一起,使地球轨道变化影响下的气候变化虽不像钟摆那样精确，但是可以从数学上进行预测和推算。地球公转轨道的周期性变化产生了冰川发达的"冰期"与气候温暖的"间冰期"，二者交替重复。通过分析海底沉积物中不同年代的有孔虫化石，就能与当时海水的温度和盐度建立起关系，从而确定当时是冰期还是间冰期，以证实那段历史的真实性。

我们现在正处于间冰期。大约在 12 万年前，与现在大致相同的间冰期（Eemian 间冰期）也曾出现过。冰川逐渐消融，地球迅速变暖。但是，当时的间冰期并未能长期存在，地球又很快变冷。然而，未来全球气候的变化是否能够遵循之前的变化规律呢？在今天，史无前例的、丰富且活跃的人类活动正极大地影响着自然的平衡，仅依靠分析过去的环境变化难以预测地球的未来。但是，在地球环境变化过程中，海洋生物对碳循环所起到的决定性作用是毋庸置疑的。海洋生物数量、生态系统的变化与地球环境变化密切相关，但谁为因，谁为果，或者互为因果，仍然有待研究。更重要的是，人类活动强制性地扰乱了自然变化的过程，在此作用下，地球暖化的程度何时达到高峰是目前难以预测的。

人类认识海洋

> 真理的大海，让未发现的一切事物躺卧在
> 我的眼前，任我去探寻。
>
> ——牛顿

▶▶ 人类认识海洋的三个时期

人类从远古时代就开始了航海行为，这实际上源于人类的本能——对新世界的好奇心和对生存空间的探索欲。

人类认识海洋的历史可以简单分为三个阶段。18世纪以前，主要是从地理方面对海洋进行认识，属于对海洋科学的早期观测和初步研究阶段。19世纪到20世纪中叶是第二个阶段，这一阶段以环球海洋考察、单一船只的海洋调查为主,属于海洋科学奠基与形成时期,海洋科学逐渐从传统地理学中分离出来,发展成一门独立学科。第三阶段,20世纪中叶至今,则是现代海洋科学全面研究和发展时期。

➡➡ 鱼盐之利,舟楫之便——地理大发现

古代沿海城邦的人们在跨海交流活动中积累的有关海洋的知识,体现了对海洋原始的朴素认知。比如,公元前6—7世纪古希腊的泰勒斯认为,大地漂浮在大海上。公元前4世纪亚里士多德在《动物志》中所记载的爱琴海中的动物达170余种。然而,对海洋更多的了解,还是在15世纪之后,即航海技术和装备已有显著提高的地理大发现时期。

1492年,意大利人哥伦布横渡大西洋,发现了美洲大陆。除此之外,葡萄牙航海家达·伽马从欧洲出发,绕过非洲好望角,于1498年到达印度西南部卡利卡特,开拓了从大西洋到达印度的航路,这条航路的通航也是葡萄牙和欧洲其他国家在亚洲从事殖民活动的开端。在苏伊士运河通航前,欧洲对印度洋沿岸各国和中国的贸易主要通过这条航路进行。实际上,在达·伽马到达印度前的1497年,意大利人J.卡博特便航行到了北美的纽芬兰

人类认识海洋

（英国亨利七世将新发现的大陆称为 Newfoundland，音译为纽芬兰）。他在航行中发现的大浅滩，是世界上著名的大渔场。

1519—1522 年，葡萄牙航海家麦哲伦的船队完成了人类历史上首次海上环球航行，证明地球是圆的。但他自己其实没有完成这次航行，而是航行中途在菲律宾岛上因与当地原住民产生冲突而身亡。

英国人库克是第一位精确测量经纬度的探险家，同时因为他较早开始进行海洋观测，后人称其为"海洋学奠基人"。1768—1779 年，他率领船队进行三次大洋探险，在此过程中首次完成了环南极航行，澄清了很多地理大发现时期的错误。他在航行期间开展了最早的测温、测深、采水、采集海洋生物及底质样品等初步的海洋观测，获取了第一批关于大洋深度、表层水温、海流、珊瑚礁等资料。

这一时期的许多科技成就，有的直接推动了航海探险，有的则为海洋科学分支奠定了基础。前者如：1567 年鲍恩发明计程仪，1569 年荷兰人墨卡托发明绘制地图的圆柱投影法，1579 年英国人哈里森制成当时最精确的航海天文钟，1600 年吉伯特发明测定船位纬度的磁倾针等。后者如：1673 年英国人玻义耳发表了他研究海水浓度的著名论文,1674年荷兰人列文虎克在荷兰海域最先发现海洋原生动物,1687年英国人牛顿用万有引力定律解释潮汐,其后经伯努利等人不断完善提出平衡潮学说,1770年美国人富兰克林发表湾流图,1772年法国人拉瓦锡首先测定了海水成分,1775年法国人拉普拉斯首创大洋潮汐动力理论等。

➡➡ 浮舟沧海——海洋科学的奠基与形成

19—20世纪是海洋科学逐步形成和初步发展时期。此时有目的的海洋观测已逐步开始实施,常规的海洋调查仪器被研制出来并付诸使用,人们对海洋的认知及对海洋的规律性的探索有了新的积累。在这个时期,理论研究方面也取得了一定进展,其中以海流研究最为突出。

该时期海洋探索主要以单一船只的海洋调查为主。较为著名的有:

1831—1836年达尔文跟随"贝格尔"号进行环球探险,对动植物和地质结构等进行了大量的观察。1859年其出版《物种起源》,提出了生物进化论学说。

1872—1876年的英国"挑战者"号环球航行考察,被认为是现代海洋科学研究的真正开始。"挑战者"号在大

西洋、太平洋、印度洋和南极海域的几百个站位进行了多学科综合性的观测,在海洋气象、海流、水温、海水化学成分、海洋生物和海底沉积物等方面取得大量数据,后继的研究获得了大量的成果,使海洋科学从传统的自然地理学领域中分化出来,逐渐形成独立的学科。这次考察获得的巨大成就,又激起了世界性的海洋调查研究热潮。W.迪特迈等对"挑战者"号环球考察采集的水样进行了精确分析,证实了海水组成恒定性规律;以此为基础,M.克努森等又定义了海水盐度,为大规模开展海洋观测研究提供了有效的数据。

1925—1927年德国"流星"号在南大西洋考察,设立13个断面主要进行物理海洋学调查,因计划周密、仪器先进、成果丰硕而备受重视,对大西洋海洋状况与环流有了较明确的概念。第一次采用回声测深法,测得数万个海洋深度数据,发现了大西洋中脊。在1929—1935年和1937—1938年,"流星"号分别在冰岛海域和东北大西洋进行调查,弄清了极锋带的复杂海况。

1947—1948年瑞典国立海洋研究所所长H.彼得松率领12名科学家乘坐"信天翁"号科考船进行深海调查。他们观测了南北纬度20°以内的赤道海流系,填补了英国"挑战者"号因无法在无风带区域进行深海观测的数据空白。他们研究了深海海水的光学特性,发现了深海沉积层中有第四纪气候变动旋回的记录,调查了大洋沉积物的厚度,测出了沉积物的生成年代和沉积速率。同时,在浊流、底水化学、海底地壳热量测定等方面也有所贡献,开创了深海地球物理研究先例,被誉为近代海洋综合调查的典型。

苏联"勇士"号在 1949—1958 年进行太平洋深海调查,测得太平洋马里亚纳海沟的查林杰海渊深 11 034 米。丹麦"铠甲虾"号于 1950—1952 年进行深海调查,在菲律宾海沟 10 190 米深处发现多种生物,并首次用^{14}C 测定海洋生物初级生产力等。

人们对两极的探险研究也取得了全面进展。挪威极地探险家南森于 1893—1896 年率队乘坐"前进"号漂流船进行北极探险,在途中证实了北冰洋是一个深海盆地,而不是之前想象的浅海,北冰洋存在自东向西的跨越极点的海流。漂流过程中,他注意到海冰漂移方向与风向不一致,于是发现了风海流的存在。另外,他还在极地海域发现了海洋死水现象。从北极回到挪威后,南森对海洋的研究依旧怀有热情。1910 年,南森发明了一种采集深水水样的装置——"南森采水器",这种装置被应用了近 100 年,他的名字也因此广为人知。

挪威极地探险家阿蒙森在 1903—1906 年率队经大西洋西北进入北冰洋，在北极探出北磁极位置，并发现磁极点位置较英国探险家约翰·罗斯在约 60 年前首次测定的磁极位置有所移动。其后他们从北冰洋经白令海峡进入太平洋，打通了从大西洋西北经北冰洋进入太平洋的路线，从而打通了西北航道。后来，他率领"前进"号到达南极大陆，并于 1911 年 12 月 14 日登上南极点，成为首个登上南极点的人。他们在南极进行了一段时间的观测研究并于同年 12 月 17 日离开。同时，阿蒙森也是首位成功乘飞艇飞越北极的探险家。

第二次世界大战期间，面对海滩登陆作战等军事需求，海洋科学进入快速发展阶段。盟军依靠海洋运输人员和装备，运用相关知识预测登陆海滩的海浪要素和水位条件，根据航拍图绘制海岸线及港口地图，利用声学手段发现敌军潜艇等。海洋学家在这一时期的主要任务是为军事服务。

这一时期在海洋研究方面取得很多重要成果。英国生物学家福布斯在 19 世纪 40—50 年代出版了第一幅海产生物分布图和《欧洲海的自然史》；美国海洋学家莫里于 1855 年出版《海洋自然地理学》；英国生物学家达尔文于 1859 年出版《物种起源》。它们分别被列为海洋生态学、近代海洋学和进化论的经典著作。同时，海洋科学各基础分支学科的研究也取得显著进展，发现和证实了一些海洋自然规律。例如，海洋自然地理要素分布的地带性规律、海水化学组成恒定性规律、大洋风生漂流和热盐环流的形成规律、海陆分布和海底地貌结构的规律以及海洋动、植物区系分布规律等。斯韦尔德鲁普等人合著的《海洋》将这一时期的研究成果进行了全面、系统而深入的总结，被誉为海洋科学建立的标志。

另外，专职研究人员的增多和专门研究机构的建立也是海洋科学独立形成的重要标志。

➡➡ 下五洋捉鳖——现代海洋科学时期

第二次世界大战之后，地球科学和海洋科学进入了高速发展期，国际组织、研究机构、科研项目、研究人员以及专业期刊的数量均呈现爆发式增长。

1957年，海洋研究科学委员会（简称海科委，SCOR，隶属于国际科学联合会，ICSU）和1960年政府间海洋学委员会（简称海委会，IOC，隶属于联合国教科文组织，UNESCO）的成立，促进了海洋科学的迅速发展。现代海洋科学已经发展成为一个相当庞大的体系。一方面是因为学科分化越来越细；另一方面是因为学科的综合化趋

势越来越明显,海洋科学各分支学科之间、海洋科学同其他科学门类之间相互渗透、相互影响,往往萌发一些新的边缘学科。与此同时,海洋研究的国际合作力度也大大加强。

20 世纪 80 年代以来,社会的发展和科学的进步为海洋科学的发展提供了新的机遇,产生了一系列全球性的大型国际海洋研究计划。这些大型国际海洋研究计划几乎涵盖了海洋科学研究的主要方面。在这些计划的发展过程中,多学科交叉研究成为海洋科学发展的生长点,产生了一些新的概念、理论和研究领域。具有代表性的研究计划如:全球海洋通量联合研究(JGOFS)、上层海洋与低层大气研究(SOLAS)、全球海洋生态系统动力学研究(GLOBEC)、世界大洋环流实验(WOCE)、热带海洋与全球大气实验计划(TOGA)、气候变化及可预报性计划(CLIVAR),以及全球海洋观测系统(GOOS)、海洋科学与生物资源(OSLR)、国际海洋全球变化研究(IMAGES)、大洋钻探计划(ODP)、综合大洋钻探计划(IODP)等。这些大型国际海洋研究计划分别从应用管理、观测系统和理论基础研究等方面入手,互补互益,共同促进了海洋科学研究的整体发展。

在物理海洋学研究领域,海洋学家通过世界大洋环流实验(WOCE)实现了全球尺度的水文学调查,取得了比历史上观测数据总和还多的资料,开发出新的海洋观测仪器设备,如 SOFA 水下浮标等,为当今的全球海洋观测(ARGO)漂流浮标系统奠定了基础。热带海洋与全球大气实验计划(TOGA)在 1994 年成功结束并建立了业务化的热带海洋大气浮标阵(TAO)观测系统,其测量数据使得厄尔尼诺(El Niño)预报更加接近于实际。它们的成功实施为现行的气候变化及可预报性计划(CLIVAR)的制订和开始实施奠定了基础。随着 1991 年全球海洋观测系统(GOOS)计划的产生,气候研究所迫切需要的全球观测系统的海洋部分开始形成。在这期间,物理海洋学取得了重大进展,发现了一些重要的科学现象。如新几内亚沿岸潜流、棉兰老潜流、吕宋潜流、阿古拉斯潜流等;改进了厄尔尼诺预报模式,使得预报准确度大有提高。值得一提的是,人们认识到了海洋混合在各种过程中的重要作用,进而发明了可直接测量海洋混合参量的仪器设备,并开展了大量的研究,希望不久的将来会涌现一批突破性的成果。另外,在热带海气耦合过程、副热带温跃层理论、海洋能量平衡、全球中尺度变化分布的估算、大洋环流路径和变化尺度的认识、底边界层物理、小

人类认识海洋

尺度海洋过程的定量测量及对内波场强度的依赖性等方面也有不少研究进展。

通过大型国际海洋研究计划的实施，人们认识到了多学科交叉的重要性以及海洋生态系统的复杂性。我们已对海洋对大气二氧化碳的收支过程和量级有了相当深入的认识，对海洋生物过程与碳元素的生物地球化学过程之间的相互关系有了较深入的了解；深入探讨了影响海洋碳输送的机制——物理泵、生物泵和碳酸盐泵；认识到海洋物理过程对生物过程的影响，以及海洋浮游动物在海洋生态系统中的调控作用。而全球海洋观测系统（GOOS）计划的全面实施又为海洋化学提供了大范围、长时间观测的平台。此外，微观尺度的观测手段和分析方法的不断更新也为海洋化学机制研究和示踪研究提供了基础。近 20 年来，海洋学家在全球海洋初级生产力、微微型浮游生物、微食物环、碳贮库及其通量、上升流生态系、污染生态与赤潮、生物地球化学循环以及海洋生态机制和动态过程等领域已开展了深入研究，基本形成了全球性生态环境长期监测网络，提出了最大持续产量和剩余生产力理论、新生产力、再生生产力、生物泵、大海洋生态系和生态系统动力学等新概念。海洋生物地球化学过程与生态系统成为近 20 年来地学领域最为庞大、活跃的研究领域,是地球系统科学的核心内容之一,海洋生态系统的碳收支已成为研究全球生源要素物质循环的一个焦点。

1968—1983年的深海钻探计划(DSDP)和1985年以来的大洋钻探计划(ODP)将海洋地质的探索面拓展到深海海底,大大提高了海洋地质学的地位和水平。正是深海的科学钻探,克服了地质科学偏重于大陆与浅海的局限性,找到了记录地球四大圈层信息的深海沉积,推动了地球系统科学新阶段的到来。近年来,国际海洋地质学的研究以更快的速度向前发展。20世纪70年代末期深海热液系统的发现,使我们不仅找到了正在形成中的多金属"活"矿床,而且找到了地球内部与表层相互联系的渠道。热液系统不但支持着与光合作用无关、依靠硫细菌化合作用能量的"黑暗食物链",而且通过热水循环将上地幔的元素输向大洋,在地质时间尺度上改变着地球的表面系统。海底天然气水合物释出事件、气候突变的高分辨率深海记录,以及独立于冰盖消长的碳循环事件等的发现,使我们日益接近地球气候系统演变的谜底。数千米深海底的地层中,发现广泛存在的古菌与细菌组成的"深部生物圈",这种微生物在极端条件下生活了数十、数百万年,其生物量至少占全球的十分之一。这些不靠形态多样性而靠新陈代谢多样性分类的原核生物,在

地层深处高温的成岩环境中普遍存在,它们的发现极大地扩大了地球上生物圈的范围,使得地球科学与生命科学在微生物和生物地球化学的层面上形成了新的交叉点。新启动的综合大洋钻探计划(IODP)以"地球系统科学"思想为指导,计划打穿大洋壳,揭示地震机理,查明深部生物圈和天然气水合物,理解极端气候和快速气候变化的过程,为国际学术界构筑起新世纪地球系统科学研究的平台。与 DSDP 和 ODP 相比,IODP 的规模要大得多,学术目标也更为雄伟。

目前,人类社会的发展面临着资源枯竭和环境恶化的严重问题,海洋科学的主要发展目标是为解决这些问题提供科学技术支撑,将围绕着海洋在气候系统中的作用、海洋的储碳能力、海洋的酸化、海洋生态系统与生物多样性的变化、海底资源开发、海洋灾害预测、海洋能开发利用、海洋长期观测与预测等方面开展研究。

▶▶ 海水为何永不停息?

➡➡ 海洋的温度和盐度——海水性质

海水的温度和盐度,就如同饮料的温度和味道,是海洋展现出来的最基本的物理量,也是用来分析海洋现象

和规律必不可少的要素。整个海洋海水的平均温度约为
4 ℃,约是家用冰箱冷藏室的温度。

一般来说,全球各地海水温度的变化范围在−2～
30 ℃,在时间和空间上存在着较大程度的差异,那么它有
着怎样的分布和变化规律呢?

在海洋表面,全球海水温度的年平均值为 17.4 ℃,
其中太平洋因为热带、副热带海洋面积更为宽广,且与北
冰洋冷海水交换不通畅,所以表层水温更高一些,平均值
为 19.1 ℃。相比海洋的总平均温度而言,海洋表面的水
温是较为温暖的。水平方向上,最温暖的水往往是低纬
度海区的海水,而两极的海水明显要冷得多。在同等纬
度,大洋东侧的水往往比西侧的水更冷,这与海面上寒流
及暖流的分布模式有关。尽管海洋表面可能相当温暖,
但海洋深处的大多数水体却较为寒冷。

事实上,大洋低纬度地区温度较高的海水只限于薄
薄的表面。随着深度的增加,海水温度大致上是呈不均
匀递减的。在表层海水下方,有一层海水温度随深度的
增加而迅速降低,如果递减率达到了每下降 1 米水温降
低 0.05 ℃,那么这一层被称为主温跃层。主温跃层的深
度在不同纬度上是不同的,在赤道海区较浅,在副热带海

人
类
认
识
海
洋

区较深，从副热带到较高纬度又逐渐变浅，直到亚极地海域会上升到海面。在海面水平方向上形成温度迅速变化的锋面，称为极锋。在几十千米宽的极锋两侧，温度相差约为 3 ℃。主温跃层在大洋垂直方向上如同一个"W"形的边界，将大洋中的水大致分为"暖水"和"冷水"两个部分。

大洋上层"暖水"之所以存在，是因为海洋具有更大的热容量，吸收了 70% 以上的太阳辐射能量。而其中的绝大部分能量被储存在海洋上层，既作为海水运动的能量来源，也会以潜热、长波辐射和感热交换的形式输送给大气，驱动大气的运动。

海水是一种由多种无机盐、可溶性有机物、气体以及悬浮物质组成的混合液体。经测定，海水中含有 80 余种元素，以可溶性无机盐为主。海洋中盐分里的阳离子主要来源于基岩的风化溶解，而阴离子主要来源于火山的排气作用，这些离子大部分通过河流搬运入海，为海洋提供了大部分可溶性无机盐。尽管河流每年带到海洋的岩石风化所产生的盐多达 10^{15} 克，但仍有证据表明海洋整体盐度在过去几亿年中基本保持不变。海洋通过一系列的生物化学地质循环，在总体上维持着无机盐的收支平衡。

海水盐度是指海水所含无机盐等固体物质的总质量,可以用测量海水电导率的方式进行测量。世界大洋盐度平均值约为每千克海水含盐 35 克。各大洋的平均盐度也不尽相同,以大西洋最高,印度洋次之,太平洋最低。大洋表层盐度与蒸发和降水密切相关,大洋南、北副热带海域因为蒸发强烈,存在盐度的高值区,而赤道附近由于大量降水,盐度较低。从副热带向两极,盐度也在逐渐降低,两极海域受海水结冰融冰的影响,盐度会降到 34 克以下。海洋中盐度的最高值和最低值通常出现在大洋边缘的海盆当中,如红海北部高达 42.8 克,波斯湾和地中海在 39 克以上,这些海区由于蒸发很强而降水与径流却很小,同时与大洋水的交换又不畅通,故其盐度较高。而在一些降水量和径流量远远超过蒸发量的海区,其盐度又很低,如黑海为 15~23 克;波罗的海北部盐度最低时只有 3 克。

海水的密度比淡水大的主要原因是海水中含有许多可溶性盐类。海水密度通常为 1.010~1.030 克/立方厘米,这取决于温度、盐度和压力(水深)。在大洋中,整体而言,温度变化对密度变化的影响要比对盐度变化的影响大。因此,密度随深度的变化程度主要取决于温度因

人类认识海洋

素。海水温度随着深度的增加不均匀地递减,因而海水的密度随深度的增加而不均匀地增大。

精确的大洋海水密度通常不由直接测量获得,而是通过测量海水的温度、盐度和深度等方面的数据,再根据这些数据按照一定的公式通过计算得到的。这个方法看起来有些复杂,但是很直观,操作简单并且精度高。虽然不同海域海水的物理性质有所不同,但是海水密度随时间和地点的变化都是很小的,某些时候为了方便进行理论研究,甚至忽略了海水密度的差异,把它看作一个不变量。

那么,科学家精确测量海水密度的意义又何在呢?答案是,海水密度的微小变化会导致海水产生运动,形成强大的海流。要研究海水的运动规律,就必须精确测定海水的密度,预测海水的运动。

➡➡ 海水的传送带——海洋环流

我们目睹或感受过河水的流动,或蜿蜒,或奔腾,或平缓,或湍急。海洋看上去如同巨大的湖泊,表面上看似平静,但海洋中的水体却正像河流一样或急或缓、永不停息地流动。对于海水这种朝着某个固定方向稳定流动的状态,我们称为"海流"。我们靠视觉很难观察到海流的存在,海流不像河流的流动,在固定河岸的参照情况下那么显而易见。在某些海域海流速度很快,像黑潮、湾流,流速最高可以达到 2.5 米/秒,在这种流动下如果逆流而行,即使是世界游泳冠军也难以移动分毫。

海流的流量比其流速更为惊人。长江入海处的流量大约为 0.03Sv(Sv 是流量单位,10^6 立方米/秒,以海洋学家 Sverdrup 命名),而黑潮的流量可以达到 100 Sv。

面对如此强大而又快速的海水流动,我们会产生疑惑:河流从高处流向低处,因高度差异而产生流动似乎顺理成章,但海洋当中似乎并不存在陆地上才有的高度差异,那海流是怎样产生的?

驱动海水流动的主要因素有海面的风、压强差异和海水密度差异。海流在运动过程中还会受科里奥利力(一种由于地球自转而对运动物体产生的北半球向右偏的惯性力)的作用而改变运动方向。此外,还有两种自然规律也在海水运动过程中起重要作用。一是重力,海水始终要遵循"重者下沉轻者上浮"的规律,如果海水克服重力做了功,它将获得重力位势,在条件适当时可以释放重力位势而获得动能。二是海水作为流体,它是具有连续性的,即一个海区内有海水流入(或流出),那么在其他

方向必然有流出(或流入)。以上要素形成了海水流动的基本动力系统。

海洋中的海流瞬息万变,要想精确计算每一处流动细节是非常困难的。因此,科学家将海洋当中海水的受力情况进行分解,构建了一些关于海水流动的简单的理想模型。比如在海面风作用下,同时考虑科里奥利力的海流称为"风海流";海水由于水平方向的压强与科里奥利力平衡而形成的海流称为"地转流";由密度差异导致的海水流动,即由重力和密度差异引起的高密度海水流入到低密度海水的下方,称为"密度流";一个地方的海水流走了,邻近的海水就要来补充,这种为了补偿流失的海水而形成的流动,称为"补偿流"。

❖❖ 浅层风生环流与深层热盐环流

在世界大洋海流图中,我们可以看到几支海流首尾相接形成闭环,我们称之为"环流"。在大洋上层,主要受海面风的拖曳作用驱动而形成的环流,是风生环流。在大洋的中下层,因温度、盐度的变化造成的密度差而驱动形成的环流,是热盐环流。

在太平洋与大西洋的副热带海区,南北半球都存在一个与副热带高压对应的巨大的反气旋式环流(北半球为顺时针方向,南半球为逆时针方向)。比如北太平洋的环流圈由北赤道流、黑潮、北太平洋流、加利福尼亚流这几支海流组成。这一环流主要是在北太平洋的信风和西风的共同作用下产生的。风生环流的时间尺度是几十年,我们可以大致将其理解为,大部分水体绕环流圈一周大概需要几年到几十年的时间。

与风生环流相比,热盐环流的流动是缓慢的,但它是形成大洋的中下层温、盐分布特征及海洋层化结构的主要原因。热盐环流具有全球大洋的空间尺度以及千年以上的时间尺度,90%以上的水体都参与全球的热盐环流。大西洋经向翻转环流(AMOC)是全球热盐环流中的一个信号较强的部分。AMOC的上层海水流动将北大西洋低纬度海域的高温、高盐水向北输送至高纬度地区,并在此过程中不断向大气释放热量,然后海水变重下沉,中深层海水向南运动,成为大西洋热盐环流的重要组成部分。

补偿流可以是水平方向的,也可以是深层海水缓慢的升降流动,可分为上升流和下降流。上升流的速度往往非常缓慢,但其作用不可低估。它源源不断地将营养物质(磷酸盐、硝酸盐等)向表层输入,使得上层的海水既有阳光又有营养。于是大量的浮游植物在海洋上层生长繁殖,使得上升流海域的生产力远远高于其他海域,所以

上升流区通常是重要渔场。例如，处在上升流区的世界性大渔场——秘鲁渔场，每年捕鱼量达到1 100万吨，我国最大的渔场——舟山渔场也是处于上升流区。根据科学家估算，虽然上升流区的面积只占世界大洋面积的0.1%，但是渔获量却占世界海洋鱼类总生产量的一半。

海洋正是通过这些时间尺度不同、运动方向不同但有序的流动维持着地球热量和物质的循环与平衡。

➡➡ 海洋的呼吸——海洋潮汐

海水的涨退，是沿海地区海面常见的现象。在一段时间内，海水会迅猛上涨，达到高潮；一段时间后，上涨的海水又自行退去，留下一片沙滩，形成低潮。海面这种周期性的起伏，就像人的呼吸一样。我国沿海地区的居民对此现象早有认识，并且总结出了规律：海水通常每天会有两次涨退——"昼涨为潮，夜涨为汐"，因此，这种海水的涨退现象被称为"潮汐"。

沿海地区是人类活动较为密集的区域，潮汐现象与人类的关系非常密切。海港工程、航运交通、渔业水产业、近海污染治理、潮汐能开发乃至军事活动，都与潮汐现象密切相关，第二次世界大战时诺曼底登陆战役中盟军就充分考虑了潮汐的影响。陆战队要求在高潮登陆，以减少部队通过海滩的时间；海军要求在低潮时登陆，尽量避免登陆船只遭到障碍物的破坏。最后指挥部经认真考虑，选择在高潮与低潮间登陆，并针对五个滩头的不同潮汐，设定了五个不同的登陆时刻，科学的潮汐预报确保了战役胜利。

是什么引起了海洋潮汐现象？东汉科学家王充第一次清楚地指出潮汐对月亮的依赖关系，他在《论衡》中写道："涛之起也，随月盛衰，小大满损不齐同。"唐朝的封演在《见闻录》中写道：(月亮与海水)"潜相感致，体于盈缩"，这在某种程度上已经触及潮汐的实质。在牛顿提出万有引力定律之后，人类才解决了什么是引起海洋潮汐现象的原动力问题。引起海洋潮汐现象的原动力，主要是月球和太阳的天体引潮力，尤其是月球的引潮力。

每个天体(月球或太阳)的引潮力，都是两个力的合成，一是这个天体对地球的万有引力，二是地球上的海洋绕天体系统(由天体和地球组成的系统)的质量中心公转而产生的惯性离心力。在天体引潮力作用下，水体经强迫振动影响形成潮波，潮波传到沿岸产生反射波，满足一定条件时入射的潮波与反射的潮波叠加产生驻波，而驻波在地转偏向力的作用下，形成旋转潮波系统。由于不发生潮位振动，系统的节点处被称为无潮点，而潮波则围

人类认识海洋

绕着这个无潮点旋转传播。不同大洋由于各自的洋盆地形不同，对引潮力作用下产生的潮波的共振响应也不同，因而形成了各自独立的大洋旋转潮波系统。而各个附属海或海湾的潮波也是独立的，有的以前进波为特征，有的以驻波为特征。

潮汐现象存在着不同周期的"不等"现象。大多数海区的海面虽然在一个太阳日内可出现两次高潮和两次低潮，但两次高潮的高度不相等，两个涨潮时（从低潮时到高潮时的时间间隔）也不等，形成日不等现象。半个月出现一次大潮和一次小潮的现象，称为半月不等现象。潮高与月地距离的三次方成反比，因此月球近地点时潮差较大，远地点时潮差较小，这就出现潮汐的月周期变化，产生月不等现象。类似地，由于地球近日点有一年的变化周期，因此就产生潮汐的年不等现象。由于月赤纬还有 18.61 年的变化周期，月球近地点有 8.85 年的变化周期，所以就产生了潮汐多年不等现象。

通常在农历的朔（初一）、望（十五）之后的两三天，会出现一次潮差特别大的潮汐现象，这时的潮汐称为"大潮"。相应地，在两次大潮的中间（上、下弦前后），会有一次潮差特别小的潮汐现象，这时的潮汐称为"小潮"。大潮和小潮现象，可用太阴、太阳潮汐椭球（在引潮力作用下形成的包围地球的水体椭球)随天体相对运动而发生周期性变化来解释。朔、望前后,两个椭球长轴的方向近乎一致,高潮与高潮叠加,于是发生大潮;而在上、下弦前后,两个椭球长轴的方向几乎垂直,一个高潮与另一个低潮相遇,从而出现小潮。

➡➡ 海洋的节拍——海浪

波动是海水的重要运动形式之一。作为一种跨尺度的运动形式,小到毫米以下的毛细波,大到几千千米的罗斯贝波,波动这种运动形式在海洋中以各个尺度存在着。

从海面到海洋内部处处都可能出现波动。海洋波动的基本特点是,在外力的作用下,水质点离开其平衡位置做周期性或准周期性的运动。由于流体的连续性,必然带动其邻近质点,导致其运动状态在空间内传播,因此,运动随时间与空间的周期性变化是波动的主要特征。海洋波动可看作能量的传播而非物质的传播,后者在海洋科学中被归结为海流。

海浪是海洋表面的小尺度波动,是水面质点受到扰动后,离开平衡位置产生周期性起伏并向四周传播的现象。通常用波高(波峰与波谷间的垂直距离)衡量海浪的能量,用波长(相邻两波峰的水平距离)衡量海浪的空间

尺度,用周期(水面到达波峰到下一次波峰所需的时间)衡量海浪的时间尺度。

我们眼望海面波浪在向前传播,事实上,水体并未随海浪向前移动,而只是在原地做圆周运动,这个圆的直径便是波高。当水质点运动到波峰顶部时,水质点运动的方向是圆的水平切线方向,水质点运动方向与波浪传播方向是一致的。当水质点运动到波谷的位置时,水质点运动的方向同样是圆的水平切线方向,但这时水质点运动方向正好与波峰处的水质点运动方向相反,朝波浪前进的反方向运动;当水质点运动到波峰与波谷之间的平均海面位置时,水质点是垂直上下运动的。波浪完成一个周期运动,正好是水质点做完一次圆周运动。

波浪所含能量不可小觑。波浪能量包括因水面起伏而产生的势能和因水质点运动而产生的动能,两者在小振幅重力波理论前提下是相等的。小振幅重力波指的是重力作用下并且假设波高与波长之比为小量的波动,小振幅重力波假设可将波动理论大大简化。在小振幅重力波的假设下,波能与波高的平方成正比。暴风区域海面上充分成长状态的波浪能量与波浪表面以上约一个波长的高度内大气所具有的动能大致相等。海洋波浪受风中能量的供给而得以成长,故与风的动能相当的能量含在波浪之中。

以上为波浪中所含能量,此能量随波浪的传播而向前推进,波浪在行进方向的单位时间、单位宽度向前输送的能量,即能量通量(Energy Flux),是能量与能量运送速度的乘积。能量向前输送的速度,与一系列波浪在静水区域传播的速度即波浪的群速度(Group Velocity)相等,在深水区域中,群速度大约为波速的一半。假如 20 米/秒的风速在外海形成了充分成长的有效波高为 12 米、周期为 17 秒的波浪,这个波浪每米宽度中所蕴含的能量大约为惊人的 2 400 千瓦!

那么海浪的能量是从哪里来的呢?归根结底,海浪受风的影响而产生,海水一旦产生波动,波形或能量会以一定速度向前传播。海浪研究把当地风产生的且一直处在风的作用之下的波浪称为风浪。把海面上由其他海区传来的波浪或者因当地风力减小、平息,或风向改变后海面上遗留下的波浪称为涌浪。风浪往往波峰尖削,在海面上的分布很不规律,波峰线短,周期小,当风大时常常出现破碎现象,形成浪花。涌浪的波面则比较平坦、光滑,波峰线长,周期、波长都比较大,在海上的传播比较规

则。风浪和涌浪在大洋中往往同时存在。

风浪的大小主要由风速决定,古人"风大浪高"的说法表明了风和风浪之间的这样一种因果关系。但风速并不是决定风浪大小的唯一因素,人们有这样的常识:短暂的大风和狭窄的水域都不会产生巨浪。这是因为风浪的大小与风作用时间的长短和风作用水域面积的大小都有关系,即与风时和风区有关。所谓风时就是状态相同的风持续作用在海面上的时间,而风区是指状态相同的风作用的海域的范围。

海面上开始刮风时,到处产生小的涟漪,风继续吹下去,波浪从风中吸收能量,波高与波长随时间而增大。假如风向为从陆地到海洋,靠近陆地一侧的海浪由于受到边界限制,风区较短,波浪逐渐饱和,按风速的大小呈现一种定常状态;沿着风吹的方向,波浪仍然继续发展,波高和周期逐渐增大。因此,一般来说,海面越宽阔,发生大浪的可能性就越大。但是宽广的海面上,波浪也不会无限地增大。波浪发展到移行速度接近于风速时,从风中吸收的能量逐渐减少,再沿风向前行,波浪几乎不再增大,呈现一种饱和现象,波浪的这种状态称为充分成长状态,此时波浪的大小,仅由风速决定。

以上说的是在一定风速下的波浪成长状态,风速增加时,波浪也随之增大。海洋中波高和周期与风速的关系,可由下面的经验公式进行粗略的估计:

$$H_s = 0.02U^2,$$

$$T_s = 0.8U。$$

式中,H_s 为有效波高,单位为米;T_s 为有效周期,单位为秒;U 为风速,单位为米/秒。

按季节平均的有效波高最大值分布于东西半球西风带控制的海域,其中冬季主要分布在北太平洋中部、北大西洋中部,夏季分布于南半球西风带控制海域。大洋东岸有效波高平均值一般大于大洋西岸,赤道附近海域有效波高较小且随季节变化较小。

大洋里的波浪传播出风区后会失去一部分能量,变成涌浪向前传播。涌浪已不能从风中取得能量,而且由于海水内部摩擦即黏滞性的作用,涌浪在继续向前传播时还会逐渐消耗一部分能量,因为短周期的波浪能量的消耗率较大,所以短周期的波浪衰减较快。然而对于长周期的波浪而言,因为海水的黏滞性造成的能量衰减小到可以忽略,所以可以传播到极远的地方。

在全球大部分海域,涌浪能量在海浪总能量中占比

均超过 50％。涌浪在赤道附近海域和大洋东岸海域占主导地位,其能量占海浪总能量的比例超过 90％。季节内平均涌浪能量的最大值分布于东西半球西风带控制海域,并且能量大小随季节变化明显。

涌浪传播时可能会穿过另外一个风场作用的区域,在与其中的波浪相互作用中交换能量:有时遇到逆风会损失一部分能量进而浪高减小;或是通过有强烈海流的水域进而改变波向或产生破碎。最后,波浪终将到达海岸,撞上海滩而放出大部分能量。因波浪而带到沿岸水域的能量可引起复杂的沿岸流,沿岸流可使海底泥沙移动,侵蚀海滩。

海浪在到达沿岸海域时会产生折射现象。因为水深浅则波速变小,当波浪进入海滩时,早到达水深浅处的海浪开始减速,后面的水深深处的海浪追上来,导致海浪波峰形成的线有跟海岸线平行的趋势。这正是在海岸上观察从外海传来的波浪,到达近岸时,波峰线总是与海岸大致平行的原因。在海底凸出的海岬处,由于折射,波向线会产生辐聚,波能集中;而在凹陷的海岸处,波向线辐散,波能分散。因此,在海岬处常出现较大的波浪,在海湾处的波浪则相对较小。因此,良好的海水浴场、避风港都设立在海岸线凹进的小海湾。

在夏季的末尾,常能在日本太平洋沿岸看到没有风而有长周期的高波在海岸前呈卷波破碎的景象,这是由南方洋面上的热带气旋或台风引起的波浪在脱离风区后传播形成的涌浪。当台风产生时,因为涌浪的周期长,传播速度快,所以涌浪会比台风先行到达,这种涌浪也被称为先行涌。研究先行涌到达海岸前的时空变化可以帮助我们推断台风区内的波浪状况。美国加利福尼亚州沿岸也常有周期很大的波浪。据研究,这些波浪来自南极附近西风带,是穿越太平洋经过约为 14 000 千米的路途而到达的风浪。

我们可以把海浪看作许多由不同波长、不同周期和振幅的分波组成的整体,这些组成部分在传播过程中各有差异,波长长的速度快,波长短的速度慢,于是使原来叠加在一起的波动分散开来,这种现象被称为频散。各个分波的传播方向也不相同,分波在传播过程中向不同方向分散开来的现象被称为角散。正是由于上述种种原因,涌浪在传播过程中波高会不断降低。

➡➡ 看不见的水下魔鬼——海洋内波

除了在海面上会产生海浪,在海洋内部也会有波动产生,我们称之为"内波"。它发生在海水密度上轻下重,

具有稳定结构的海洋之中,其波动最大振幅出现在海面以下。海洋内波是海水运动的重要形式之一。

对海洋内波现象最早的发现颇具神秘色彩。南森在1893—1896年进行北极考察的时候发现了一种奇特的现象:当船只行驶到巴伦支海的时候,仿佛被一种神奇的力量拖住一般,无法前行。水手各有猜测,有人认为这是灵异事件,有人认为船已被巨大的生物拖住。这就是著名的"死水现象",埃克曼于1904年解释了这一现象。埃克曼认为,该海区的表面由于冰融化从而产生一层较薄的淡水层,当船行驶到这样的区域时,会在淡水与盐水的交界面激发界面内波。船的一部分动力被用于激发界面波动,因而船的速度下降,仿佛被拖住一般。

要了解海洋内波的产生,就需要知道海洋层结的概念。在我们的印象中,海水的性质是上下均一的,但事实并非如此。就像油浮于水上而产生的层次一样,海水的温度、盐度和密度等状态参数随深度的变化也会产生层次结构,只是通过肉眼难以观察,但是可以通过观测仪器进行检测。比如由于太阳的辐射加热作用,海洋层结一般具有上层海水温度较高、密度较小等特性,同时随深度的增加海水的温度会逐渐下降、密度逐渐增加。

我们假设海洋在铅直方向上由上层轻、下层重的两层流体构成,给这个界面一个扰动会产生沿界面传播的波动信号,这个假设模型就是两层流体界面波模型。这是最简单的内波模型,可以解释海洋内波最基本的特征。在两层流体的假设下,海洋内波在界面处铅直方向的流速最大,由交界面向上、向下逐渐减小。在上层流体的表面和下层流体的底层,流速是辐聚辐散分布的。同时,上、下层水体的流动方向是相反的。

　　海洋中的内波有很多生成机制,最主要的能量来源有两个:风和潮汐。因风产生的内波是低频近惯性内波;由潮汐激发的内波则是潮成内波,其中内潮是最为常见的潮成内波。在稳定的密度分层条件下,我们把潮流经过起伏较大的海底地形而激发出的内波称为内潮。内潮是海洋内部能够引起海水混合的重要的海洋现象,是海洋深层海水混合的最重要的能量来源之一。相较于其他位置,起伏较大的海底地形附近海水混合效率更高。

　　当内潮向浅海传播时,受层结强度(上、下层海水的密度差异)加大,地形变化剧烈等效应的影响,内潮会激发出一系列大振幅内孤立波。海洋中的大振幅内孤立波持续时间短,仅为 10~30 分钟,振幅巨大,我国南海观测到的内孤立波振幅可超百米。密度分层简化成两层流体

人类认识海洋

时，上、下层的流速是反向的。内孤立波的传播速度大致为 2 米/秒。

如此巨大的内孤立波对海上的平台以及海里航行的潜艇影响巨大。1997 年，安达曼（Andaman）海的石油平台倾斜，短时间内平台来回倾斜摆动的角度甚至超过110°，这是因为在内孤立波的影响下，上、下层流速反向，进而导致石油平台倾斜。对于海上航行的潜艇而言，内孤立波在短短数分钟内能使潜艇下降数十米，所以一旦操作不当，潜艇就很容易被内波抛到压力无法承受的深海而被破坏。据专家分析，苏联的"胜利者Ⅱ"号潜艇、美国的"大白鲨"潜艇的失事都是由于大振幅内孤立波的破坏。

我国南海的东北部、台湾的东北角海域以及黄海是内波的多发区。南海的内波多数在吕宋海峡附近生成，经过深海区的稳定传播、陆架地形的浅化、绕岛演化等最终在陆坡地形上破碎耗散。南海内波能量巨大，发生频率高。目前南海已经成为全球海洋内波的实验场。

▶▶ **海洋里有什么**？

海洋拥有丰富的自然资源，我们习惯把存在和形成于海洋中的相关资源统称为海洋资源。海洋资源中的矿产资源、化学资源、生物资源、海洋能源、海洋药物等都具有极大的经济价值和开发价值。我国海域辽阔，海洋资源丰富，油气资源沉积盆地面积约为 70 万平方千米，石油资源储量约为 240 亿吨，天然气资源储量约为 14 万亿立方米，可燃冰、多金属结核矿区资源也都很丰富。我国海域内有 280 万平方千米的海洋渔场，其中可以进行海产养殖的海水总面积约为 260 万公顷。我国对海洋的开发最早可追溯到远古时代的海洋捕捞，在山东大汶口文化遗址出土了大量的海鱼骨骼和成堆的鱼鳞，这说明我国沿海先民在 4000～5000 年前就能猎取鱼类。在陆上资源愈发紧张的今天，富饶的海洋资源为我国的可持续发展提供了重要的资源，大力发展海洋科学可以使我们更加科学、合理、有效地开发利用海洋资源。

➡➡ 矿产资源

矿产资源是指经过地质作用形成的对人类有用的矿物，如煤、石油、铜、铁等，它们存在于地球表面或者深埋于地下，呈现气态、液态和固态等不同状态。矿产资源是不可再生资源，它的存量是有限的。海洋矿产资源属于矿产资源的一种，目前人们已经发现的海洋矿产资源主

要有石油和天然气资源、海底煤矿等固体矿产资源、滨海砂矿、多金属结核和富钴结壳、海底热液矿、可燃冰等六大类。

石油是目前全世界的"能源主力"，被称为"工业的血液"，地球上已探明的石油资源的25％和最终可采储量的45％都埋藏在海底。天然气是蕴藏在地层中以烃为主体的混合气体的统称，它比空气轻，是一种较为清洁的能源燃料，也是与煤炭、石油并列的世界三大传统能源之一。据不完全统计，世界天然气总储量约为180万亿立方米，其中超过1/3都埋藏在海底。海底石油的形成过程极其漫长：远古的动物残骸和淤泥因为地质运动被埋在了缺氧的地下，在地底经过千百万年的高温和高压的转化，它们首先形成蜡状的油页岩，后来变成液态的石油和气态的碳氢化合物（天然气）。天然气的成因尽管比石油多样，但从总体来说，多数与石油相似。海洋石油和天然气的开采方法也相似，都需要在埋藏地钻井进行开采。我国第一个开发的海底油田位于渤海。

海底煤矿是人类在海洋中最早发现并进行开发的矿产之一。海底煤田一般沉积在盆地中。海洋中的沉积盆地多是中、新生代形成的。海底煤矿，特别是太平洋西部边缘的煤矿大多是在7 000万年以前的新生代形成的。

我国海底含煤岩层主要分布在黄海、东海和南海北部以及台湾岛浅海陆架区。含煤的沉积岩层厚为500～3 000米,煤层层数较多,最多可达百层(东海),一般为8～25层(渤海、黄海),并且层厚不稳定,一般为0.3～2.5米,最厚为3～4米。主要煤类型为褐煤,其次为长褐煤、泥煤和含沥青质煤等。山东龙口煤田是我国发现的第一个滨海煤田。

滨海砂矿种类繁多,分布广泛,大多埋藏在近岸沙堤、沙滩、沙嘴和海湾中。目前世界上已探明的滨海砂矿达数十种,主要包含金、铂、锡、锆、金刚石等金属和非金属。据科学家评估,目前已经发现的滨海砂矿里金属砂矿(不含锡石、铬铁矿、金砂和铁砂等)储量约为2.3亿吨,钛磁铁矿储量约为8.2亿吨,磁铁矿储量约为1.6亿吨,锆石储量约为2 263.5万吨,金矿石储量约为1 285万吨。滨海砂矿的经济价值极高,比如锆石因其耐高温、抗腐蚀、易加工、机械性能好,并有优良的核能性,是原子能工业的重要材料,而全世界约96%的锆石都来源于滨海砂矿。我国是世界上滨海砂矿种类较多的国家之一,达65种之多。广东海滨的砂矿资源非常丰富,储量居全国之首。

多金属结核含有锰、铁、镍、钴、铜等几十种元素,世

人类认识海洋

界海洋 3 500～6 000 米深的洋底储藏的多金属结核约有 3 万亿吨。按照目前的消耗量,锰的产量可供全世界用 3.3 万年,镍可用 2.5 万年,铜可用 980 年。锰结核的神奇之处是它的可再生性,仅太平洋每年就可生成 1 000 万吨,可谓"取之不尽,用之不竭"。据科学家分析,锰结核的物质来源大致有四个方面:一是来自陆地岩石风化出的金属元素;二是来自火山喷发产生的金属元素;三是来自生物死亡分解出的金属元素;四是来自宇宙尘埃的飘落。我国从 20 世纪 70 年代开始进行大洋锰结核调查,获得了中国大洋锰结核矿产开辟区的优先开采权,成为世界上第五个大洋锰结核矿产投资者。富钴结壳是深海中的又一个大宝藏,它的外表与锰结核很像,因富含战略金属钴而得名。富钴结壳是生长在海山、海脊和海台的斜坡或顶部的一种沉积物。从远古开始,一代又一代的海洋生物死后在沉降过程中残留了大量金属,这些金属在富氧水层中经过氧化作用和吸附作用,逐渐沉淀成富钴结壳。富钴结壳在全球海洋中都有分布,1981 年,德国深海考察船"太阳"号率先开展了对富钴结壳的调查,我国于 2013 年在西北太平洋获得一块 3 000 平方千米的富钴结壳矿区。

海底热液矿主要是指海底热液喷发时携带的大量

金、银、铂、铜、锡等金属矿物,它们在海底像一个个耸立的"烟囱"。海底热液矿形成过程复杂:富含硫酸根离子的海水被新生洋壳加热成为高温海水,高温海水从玄武岩中吸收大量的金、银、铜、锌、铅、镍、钡、锰、铁等金属矿物,随后与海底冷海水相遇,发生了物理化学变化,使金属沉淀形成多金属热液矿床。我国南海海盆中有不少热液矿藏分布。

可燃冰是一种白色的类冰状固体物质,主要由水分子和烃类气体分子(主要是甲烷)组成,有极强的燃烧力,燃烧后几乎无污染,是一种高效清洁能源。因为看起来像白色的"冰",而且一遇到火就会燃烧,所以被称为"可燃冰"。可燃冰主要在深海或永久冻土带等低温高压的环境下形成,天然气和水在这种条件下会凝结成为一种类冰状的结晶物质。可燃冰的规模大、分布广,资源丰富,我国可燃冰最丰富的海域是南海,储量达 700 亿吨油当量,大致相当于我国目前陆上石油资源总量的一半。

➡➡ 化学资源

地球拥有约 13.7 亿立方千米海水,海水中含有硫、镁、钙、钾、碳、溴、硼、金、铀、氘、氚等 80 多种元素,是一座巨大的资源宝库。目前,海水化工资源的开发利用方

人类认识海洋

向主要有海水制盐及卤水综合利用,海水提取钾、镁、溴、硝、锂、铀及其深加工,海水淡化等。

海水又咸又苦是因为海水中含有大量的可溶性物质,其中大部分都是盐类,最主要的盐是氯化钠,也就是我们日常餐桌上离不开的食盐。我国是海水晒盐产量最多的国家,也是盐田面积最大的国家。现在常用的海水制盐技术有盐田日晒法、冷冻法和电渗析法三种。盐田日晒法流传已久,节约燃料,但是受天气和地形限制,所需人工成本高。冷冻法是将海水冷冻结冰,然后去冰浓缩制成盐,主要应用于气候寒冷的国家。电渗析法是一种新的制盐方法,通过选择性离子交换膜电渗析浓缩制卤,真空蒸发制盐,既能节省土地和人力,又不受季节影响。提取食盐后剩下的海水残液中含有高浓度的钾、镁、溴和硫酸盐等矿物,开发价值很大。世界上每年海水制盐超过 2 亿吨,相应的副产品苦卤产量巨大。我国从 20 世纪 60 年代开始系统地研究卤水综合利用。从卤水中提取的硫酸钾可作为农业肥料,也可用于制作玻璃、香料、燃料和药品;氯化钾可用于制造各种化工原料和医用制剂;硫酸镁可用于建筑;氯化钙可用于食品行业等。

海水盐分中镁的含量仅次于氯和钠,位居第三。镁具有质量轻、强度高等特点,可用于飞机、舰艇等军用装备制造。海洋中镁的总储量约为 1 800 亿吨,主要以氯化镁和硫酸镁的形式存在,目前全世界每年约 1/3 的镁都是从海水中提取的。海水提镁的过程并不复杂,20 世纪 60 年代技术就已成熟。提取过程为:先把海水抽入特大的池中,倒入石灰乳,使海水沉淀,之后取出沉淀物进行洗涤,就可以得到纯度很高的氢氧化镁,再进一步提炼就可以得到氧化镁。氧化镁添加盐酸成为氯化镁,过滤、干燥、电解就可得到金属镁。

地球上 99% 以上的溴都蕴藏在海洋中,溴用于生产消毒药品、镇静剂以及青霉素、链霉素等各种抗生素药物,也用于制造阻燃物、汽油添加剂和杀虫剂。溴的提取方法目前主要有空气吹出法和吸附法两种。

铀是一种银白色的金属,是重要的天然放射性元素,原子弹最早就是用铀制成的。海水中铀的蕴藏量约为 45 亿吨,是陆地上已探明的铀矿储量的 2 000 倍,但是浓度极低,因此海洋提铀的成本比陆地提取高 6 倍。日本是第一个研究海水提铀的国家,主要方法是吸附法,利用纤维类吸附材料制成垫子的形状,直接捕捉铀原子的化合物,再进行铀的提纯。此外,人类还研究了另外两种提铀方法——气泡分离法、生物富集法,但目前都还处在实验室研究阶段。

地球上淡水资源有限，人类又不能直接饮用海水，因此人们一直探索海水淡化这项技术，希望通过分离海水中的盐分和水分制造出淡水。现在，全球有海水淡化厂1.3万多座，每天能为人类提供3 500万立方米左右的淡水，这些淡水可解决1亿多人的用水问题。目前海水淡化方法主要有热法和膜法两类。热法是将海水加热至沸点，减压使其保持沸腾状态，不断产生蒸汽。随后蒸汽冷却并凝结成淡水，它主要应用低温多效蒸馏、多级闪蒸等技术。膜法主要是指反渗透法，利用反渗透膜只允许水分子透过而将盐离子和杂质截留的一种技术，反渗透法的优点是能耗低，反渗透膜是其关键部件。

➡➡ **生物资源**

地球上的生命起源于海洋，据报道，地球上约有100万种生物生活在海洋中，已经被人类认知或命名的海洋物种约有25万种，其中，鱼、虾、贝类和海绵、珊瑚、软体动物等较低等的海洋生物物种约有20万种。我国已有记录的海洋生物有20 278种，其中生活在南海的物种就有13 860种，大约占到了海洋生物总物种的68%。科学家为了便于了解和研究海洋生物，将其分为海洋动物、海洋植物、微生物、病毒等。

关于海洋生物的科普读物很多，英国儿童科普探险阶梯书《海洋》向读者描绘了生活在海洋不同深度区域的海洋动物。在海浪拍打经过的海滩上，我们经常能够捡拾到美丽的贝壳、像发丝似的海藻。离海滩不远的海岸潮池中，我们能遇到海绵、海葵、海胆、藤壶、寄居蟹等海洋动植物。假如我们能够潜水，当我们扎进大海里便能看到更多色彩斑斓的海洋生物。海洋生物的分布会随着水温的不同呈现出多样化。在较温暖的水域，有珊瑚、海马、小丑鱼、海龟等；在水温相对较低的海域，则会有很多巨型的海藻、鲸鱼、章鱼、蟹类等；在最寒冷的北极和南极，也有能够生存的海洋生物，比如南极磷虾、独角鲸、睡鲨、海象和海狮。若我们继续下潜，便进入距离海面200米的区域，此区域一般被称为透光带，因为阳光能够在此透射。90%的海洋生物都生活在透光带，比如沙丁鱼、水母、巨型蝠鲼、儒艮、海牛等。水下 1 000 米深就进入了弱光带，这里一片黑暗，只有少许阳光能够到达这样的深度，人类也需要依靠潜水艇才能抵达。弱光带的海洋生物大多长着大眼睛，或自带光源，或具备"生物发光"能力，比如青眼鱼、易帆乌贼、抹香鲸、海参等。随着人类下潜技术的进步，我们可以进入没有一丝光线的半深海带和深海带，并且会意外地发现，即使无光条件下依然有

人类认识海洋

生命的存在,比如深海鮟鱇鱼、巨口鱼、鼬鱼、巨型管虫、小飞象章鱼、雪茄达摩鲨等。

➡➡ 海洋能源

大海潮起潮落,无时无刻不在运动。海浪、潮汐、海风、海流甚至海水的温度、盐度中都蕴藏着巨大的能量,这就是海洋能源。海洋能源清洁无污染、持续可再生,但是需要人类运用多种科学技术对其进行开发,把蕴藏于海上、海中、海底的自然力量转化成人类生产所需的电能。海洋能源主要包括潮汐能、波浪能、海流能、海洋温差能、海水盐差能等。

潮汐能是潮汐运动时产生的能量。在月球和太阳引力的作用下,海平面每天都会进行周期性的涨落,周而复始形成潮汐,只要将潮汐动力转化就可以发电。潮汐能是人类开发利用最早的海洋能源,潮汐发电的原理与水力发电相似,主要是建造一个蓄水库,涨潮时将海水贮存在蓄水库内,将能量以势能形式保存。然后,在落潮时放出海水,利用高、低潮位之间的落差,推动水轮机,再带动发电机发电。潮汐发电的功率与潮差和水库面积成正比。我国沿海和海岛附近可开发的潮汐能约为 2 179 万千瓦,年发电量为 624 亿千瓦。浙江省江厦潮汐电站是中国第一座双向潮汐电站,每年可提供1 000多万千瓦电能。此外,潮流也可以发电,而且潮流电站无须建水库,直接利用水流推动安装在海中的水轮机就可以发电。我国浙江舟山群岛一带大部分海域潮流速度在2～4米/秒,可开发的潮流能占全国的50%以上。

波浪能主要是由风引起海水沿水平方向周期性运动而产生的能量。一个波高5米、波长100米的波浪,在1米长的等波峰线上就具有3 120千瓦的能量。波浪发电是继潮汐发电后发展最快的海洋能源利用形式。目前,世界上已有很多国家建立了波浪发电装置,但目前仍处于初级阶段,面临很多技术和成本难题。我国也制定了以福建、广东、海南和山东沿岸为主的波浪发电目标,着重研制建设100千瓦以上的岸式波浪能发电站。

海流遍布地球所有大洋,纵横交错,川流不息,蕴藏着无法估量的巨大能量。世界上最大的暖流——墨西哥湾洋流,每流动1厘米提供的能量就相当于燃烧600吨煤所产生的能量。海流能发电装置设备简单,使用安全可靠,在海流流经之处建立"水下风车",就可以在不破坏生态环境的情况下达到开发海流能的目的。我国海域辽阔,海流稳定,流向变化小,是世界上海流能资源密度最高的国家之一。我国辽宁、山东、浙江、福建和台湾沿海

的海流能非常丰富,开发潜力大,2006年我国第一台新型海流能源利用装置"水下风车"模型样机在舟山进行了海流试验并发电成功。

海洋温差能又叫海洋热能,海洋温差能的发电原理是以受太阳能加热的表层海水(25～28 ℃)作高温热源,以500～1 000米深处的海水(4～7 ℃)作低温热源,用热机组成的热力循环系统进行发电。海水温度受纬度、暖流、寒流和季节等因素影响,世界各大洋的水温各异且变化情况复杂。我国海洋温差能资源蕴藏量大,主要集中在南海和台湾东岸的太平洋热带海域。

海水盐差能是按照渗透原理,利用海水盐度(盐含量)的不同产生的能量。在大江大河的入海口,淡水与海水因盐度不同会产生巨大的能量;两片交界的海域也会因为盐度的差异而产生盐差能。由盐度差产生的渗透压力差蕴含着十分强大的能量,盐差能可以转化成电能,是一种开发潜力巨大的可再生能源。我国有丰富的盐差能资源,但是分布不均匀,一般长江、珠江口等大江河口沿岸盐度差较大,比如上海、广东、山东等地区盐差能资源非常丰富。而且,盐差能资源量具有明显的季节变化和年际变化特征,在河流水位较高的汛期最为丰富。1979年,我国开始海水盐差能发电的研究,目前仍处于实验研究阶段。

➡➡ **海洋药物**

　　我国是世界上最早应用海洋药物治疗疾病的国家之一,成书于春秋中期的《诗经》中记载了动植物药物 160 种,其中鱼类有 18 种,包括鲨、鳣、鲔等海产品;东汉时期的《神农本草经》记载药物 365 种,其中海洋药物约为 10 种,包括牡蛎、海藻、乌贼骨、海蛤、蟹等;明代李时珍编著的《本草纲目》流传至今,是我国最具世界性影响力的药学及博物学巨典,大致统计藻类 14 种、鱼类 29 种;清代赵学敏编著的《本草纲目拾遗》收录的海洋药物达 100 余种。20 世纪初以来,作为海洋药物研究的基础工作,海洋天然产物研究取得了飞速发展,已经分离鉴定的海洋天然产物化合物总数已逾 2 万种,许多种都具有生物活性。

　　现代海洋药物是指以来源于海洋动物、植物及微生物的活性天然产物为基础,经提取分离、分子修饰或化学合成获得的有效药物,其药效基础是具有明确作用靶标的单体化合物。20 世纪 70 年代,我国科学家开始了对海洋天然产物及海洋药物的研究。1985 年中国第一个现代海洋药物——藻酸双酯钠(PSS)研制成功,是目前治疗高凝性疾病效果较为理想的一种海洋新药,已经成为中国乃至世界上许多其他国家药店和医院的常备药和非处方

药。20 世纪 90 年代后,中国对海洋药物和活性化合物的研究掀起了一阵热潮,除藻酸双酯钠外,还成功研发上市了甘糖脂、海力特、降糖宁散、甘露醇烟酸酯、岩藻糖硫酸脂、多烯康和角鲨烯共 7 种海洋药物。迄今为止,中国已发现约 3 000 多个海洋小分子新活性化合物和近 300 个寡糖类化合物,这些化合物在国际天然产物化合物库中占有重要位置。

进入 21 世纪,海洋药物因其某些特性,成为国际医药领域竞争的热点。深海探测让人类重新认识了海底世界,海底不是一片寂静,那里别有洞天,汪品先院士曾描绘他潜入深海后的感受如同"爱丽丝梦游仙境"一般。那些超出我们想象、生活在海底的深海生物,为了适应在深海环境中的生存、繁衍、防御等活动,它们进化出了独特的基因,耐寒、耐热、耐高压等,能够产生结构奇特、活性显著的海洋天然产物,它们为现代创新药物研发提供了重要结构信息,是肿瘤、心脑血管疾病、免疫性疾病、神经系统疾病等人类重大疾病药物先导化合物的重要来源。

▶▶ 海洋为何引发灾害？

海洋灾害,是指由自然因素或人类活动引起的海洋自然环境发生异常或激烈变化,导致在海上或海岸带发生的严重危害人类生产、生活和环境的事件。海洋灾害会给沿海地区的经济发展和社会稳定带来很大的风险,因此,海洋防灾减灾是海洋科学研究服务经济社会的重要内容。

➡➡ 台风浪

海浪是由风引发的海面波动现象。在海上或者岸边引起灾害损失的海浪被称为灾害性海浪,而灾害的发生是海浪本身的危险性和承灾体的脆弱性共同作用的结果。

科学研究中通常把有效波高大于或等于 4 米的波浪称为灾害性海浪。但海浪是否能产生灾害也与海上不同级别的船只和设施有关。对于没有机械动力的帆船、小马力的机帆船、游艇等小型船只,波高达到 2.5 米的海浪便已经构成威胁;对于千吨以上万吨以下、中远程运输作业的船只,4 米以上的海浪才能称为灾害性海浪,而对于近半个世纪以内才出现的 20 万~60 万吨级的巨轮,一般9 米以上的海浪才可能造成灾害。

诱发灾害性海浪的主要天气因素为台风、冷空气和气旋三种,由此产生的台风浪、冷空气浪和气旋浪是三种

人类认识海洋

主要的灾害性海浪。台风起源于热带海洋,这里的气温及海表面温度都很高,很多海水会被蒸发到空气中,从而形成一个低压中心。由于气压的改变以及地球本身的移动,气流也会随之转动,从而产生一种逆时针方向的旋风,我们称为热带气旋。风速达到一定程度的热带气旋在北太平洋地区被称为台风。

台风引发的巨浪的影响范围小则几百千米,大则上千千米。在受台风影响的海域,海面上浪高很大且空间分布不均一,严重威胁海上航运和沿岸海域安全,曾造成过极为惨重的损失。例如,台风"利奇马"在登陆后造成了至少653亿元的经济损失。因此,研究热带气旋控制下的海浪场和风场的分布特征,明确台风浪的关键动力过程和机制,进行精细化数值模拟,构建长期预测模型和短期预警系统,具有重要的经济意义和社会意义。

海浪通过海面风的吹拂生成并发展,因此,台风影响海域的海浪结构依赖于台风海面风场的空间结构。

台风海面风场有两个基本特点:一是风场结构在以台风移动方向为轴的左右两侧具有明显不对称性,也就是说,台风在近海面的风场并不是一个规则的旋转结构。台风左侧风向的变化更为剧烈,风向旋转的曲率更大,而右侧的风向旋转曲率更小，会更有利于海浪的成长，可以简单理解为台风风场是叠加了台风向前移行速度的旋转风场；二是台风的风向并非严格沿台风中心旋转，而是以大约 25°的流入角（inflow angle）向中心流入。科学家在收集了大量台风风速的观测数据后，发展了台风风场结构的经验模型。输入几个简单的参量如最低气压、最大风速半径等，即可获得整个台风影响区域的风场模型，如藤田模型、Holland 模型都是常用的比较准确的台风模型。

在台风这种不断移动的非对称的旋转风场影响下，对台风控制的海域的海浪场结构的研究一直是一项富有挑战性的工作。海洋学家希望得到像台风模型那样简单可用的台风海浪模型，但由于台风下海浪观测的缺乏和台风场风向的瞬变，构建台风浪模型颇有难度。但也有一些令人鼓舞的研究成果，比如有学者给出了台风产生的海浪传播方向与风向的基本关系：在以台风行进方向为正 y 轴的四个象限中，在一、四象限的大部分海区浪向与风向基本一致，二、三象限大部分浪向与风向有较大夹角，台风移动方向的后方，浪向与风向相反。也有学者认为台风区主波（能量最大的那部分海浪）发源于台风中心

右后侧,在靠近台风中心的地方从台风移动路径的右侧
辐射出去。

海浪数值模拟是预报、预警台风形成的海浪灾害的
主要方法。台风浪模拟的挑战性在于台风风场的不确定
性、海面飞沫的影响以及风对海浪的拖曳力在高风速下
的变化。因此,需要发展更为完善的数值模型以及形成
适应台风过程的参数化方案,以提高灾害性海浪风险评
估的准确性。

➡ ➡ 风暴潮

将"Storm Surge"翻译为"风暴潮"体现了这一灾害性
海洋现象的基本特征。首先,它是由风暴这种强烈的大
气扰动引起的,风暴会导致海面的强风以及气压的剧烈
变化;其次,"潮"意味着海面的升降。但风暴潮区别于普
通的天文潮,它由风暴引起,可形成异常的海面升降,能
给沿岸带来巨大灾害。当风暴潮导致的异常海面升高的
最大值时刻恰好与潮汐的高潮时刻一致时,二者叠加,则
会出现海水暴涨现象,同时伴随狂风暴雨以及狂风掀起
的巨浪,进而淹没农田、冲垮盐场、摧毁码头、破坏沿岸的
国防和工程设施,对沿岸设施造成巨大破坏,使沿岸经济
遭受巨大损失。风暴潮灾害对人类社会的危害程度居海洋

灾害之首。然而风暴潮能否成灾,很大程度上取决于其风暴产生的异常水位的高值是否会与天文潮的高潮相叠加。

根据诱发风暴潮的天气系统的不同,将风暴潮分为由热带气旋(如台风、飓风等)引起的风暴潮和由温带气旋引起的风暴潮两大类。此外,在中国北方的渤海、黄海还存在由寒潮或冷空气激发的风暴潮。

热带风暴在受其影响的沿岸海域都可能引起风暴潮,夏、秋季较为常见。经常出现这种风暴潮灾的地域非常广,包括北太平洋西部、北大西洋西部、北印度洋、南印度洋西部、南太平洋西部等沿岸和岛屿。如日本沿岸,因受西太平洋台风的侵袭,遭受风暴潮灾害的次数颇多,面向太平洋及东中国海的诸岛更容易遭受潮灾。中国东南沿海也频频遭受台风潮的侵袭。墨西哥湾沿岸及美国东岸经常受因加勒比海飓风而产生的飓风潮的侵袭。印度洋发生的热带风暴也常引发风暴潮,譬如孟加拉湾的风暴潮灾害。

温带气旋引起的风暴潮多发生于冬春季节。相比于热带气旋引起的风暴潮,其水位变化是持续的而不是急剧的,这种差异是因温带气旋比热带风暴移动缓慢且其风场和气压变化也较为缓慢造成的。

人类认识海洋

由寒潮或冷空气激发的风暴潮多发生在渤海和北黄海的春、秋交替之时。由于冷、暖气团角逐较激烈，在寒潮大风持续作用下沿海区域将产生较显著的风暴潮，其特点为水位变化持续而不急剧。这类寒潮或冷空气不像气旋那样具有低压中心，其产生的风暴潮称为风潮。

我国沿岸经常遭受热带气旋、温带气旋或寒潮大风的袭击，是一个遭受风暴潮袭击严重的国家。据统计，渤海湾至莱州湾沿岸，江苏小洋口至浙江北部海门港地区及浙江省温州、台州地区，福建省宁德地区至闽江口附近，广东省汕头地区至珠江口，雷州半岛东岸和海南岛东北部等岸段是风暴潮的多发区。由夏季和秋季台风引发的风暴潮的多发区和严重区集中在东南沿海和华南沿海。春季和冬季，由寒潮大风、温带气旋引发的风暴潮，常发生在北部海区，尤其是渤海湾和莱州湾。

鉴于风暴潮的巨大危害性，科学家很早就开始研究风暴潮成因及其发展机制，并将研究成果应用到风暴潮的预报及防灾减灾工作中。早期的预报主要采用经验公式，用回归分析和统计相关的方法，来建立观测站的风和气压与特定港口风暴潮位之间大小关系，进而得出经验预报的方程或图表。其优点是简单、便利、易于学习和掌握，且对于这些单站预报有较高精度。但它必须依赖这个特定港口的充分长时间的验潮资料和相关气象站的风和气压的历史资料。对于那些没有足够多观测数据以及缺乏风暴潮历史资料的沿岸地区,这种经验统计预报方法往往无法得到有效实施。

于是后来数值方法逐渐成为风暴潮预报的主要手段。在给定海上风场和气压场情况下、在适当的边界条件和初始条件下用数值求解风暴潮的基本方程组,从而得出风暴潮位和风暴潮流的时空分布情况,其中包括了特别具有实际意义的岸边风暴潮位的分布图和随时间变化的风暴潮位过程曲线。

目前,风暴潮数值预报的发展方向主要集中于模式计算中多重计算网格和近岸精细网格的采用、天文潮与风暴潮之间及波浪与风暴潮之间非线性相互作用的考虑、集合模型的应用等方面。这些改进都提高了预报的准确性和时效性。

➡➡ 畸形波

人们把短时间内突然出现的怪异的大浪称为"Freak Waves"或"Rogue Waves",中文称为"畸形波"。

大风浪对船只的破坏和损毁常见于不同古代文明的

人
类
认
识
海
洋

记载。而与此同时，关于神秘巨浪的描述也在船员内部口口相传。相传会有 30 米的巨浪突然出现，掀翻船只，吞噬船员，甚至连巨型油轮也难以幸免。尽管很久以来一直存在着船员或海难幸存者对巨大波浪的描述，但因为缺乏实际的观测，并未得到科学家的重视。科学家只是把它们归因于在恶劣天气下对灾难的恐惧、对事实的夸大。而随着科学技术的进步，海浪的观测手段日益丰富，观测精度显著提高，观测范围不断扩大，越来越多的畸形波被记录下来。例如 2000 年 2 月的一天，航行在苏格兰西部罗卡尔的英国海洋科考船，在进行科学调查时观测到了高达 29.1 米的巨浪，该海域高达 21 米/秒的风速持续了大约 2 天，观测者一度认为这一巨浪创造了科学仪器所观测到的最大波高纪录。但该纪录几年后就被打破了，2007 年 12 月 6 日 13 时，中国台湾东北部的浮标站在"罗莎"台风过境期间观测到了高达 32.3 米的巨浪，当时浮标站观测到的风速为 33.3 米/秒。

根据观测数据以及经历过畸形波的船员的描述，畸形波具有以下特征：一是发生时间短，具有突然性。畸形波在很短的时间内突然出现，使得船员来不及做出反应，随后又很快消失。而且，畸形波通常只作为单波出现，以连续的几个大波形式出现的情况，虽然很罕见，但也曾被记录过,如美国军舰 SS Spray 在查尔斯顿外海域遭遇了连续三个目测大约 25 米高的突发海浪,三海浪被称为"三姊妹波"。二是波高大,具有水墙特征。从目前已有的畸形波图片来看,其大都具有很大的波高,可以将万吨巨轮整个托起来或者看上去远远超越甲板。有船员就形容畸形波是"一堵巨大的水墙,看上去像多佛的白色悬崖"。三是分布范围广、危害大。研究表明畸形波的发生概率远远超过以前的预想,在南非阿古拉斯海流区域,1952—1998 年至少发生了 12 件轮船和畸形波相遇的事件。据不完全统计,1968—1994 年全球的畸形波事件导致 22 艘超级巨轮沉没,525 人丧生。

最近十几年,畸形波研究领域出现了大量研究成果,海洋学家试图通过建立理论模型来解释畸形波的形成原因。简单、直观的畸形波模型是海浪组分的线性叠加模型,不同的海浪组分在一定条件下叠加产生极大波。海浪在海洋传播演化过程中满足波数守恒方程,并受频散关系、地形折射和海流折射作用的影响,另外,产生极大波的条件根据现实情况的不同也会有所不同。比如有研究发现,阿古拉斯海流区域发生畸形波事件之前一般都有一股逐渐加强的东北风吹过,风浪成长后东北风又变成东南风。当地逐渐加强的风浪碰到之前传来的波长较

长的涌浪时，会导致波浪由于线性叠加而产生能量辐聚，再加上比较强的背景流的存在，使得畸形波的发生频率增加。

后来随着研究的不断深入，科学家发现畸形波更应该是波浪的非线性现象而不仅是线性叠加，可能归因于波浪的调制不稳定性。然而，目前没有一种理论能圆满解释畸形波的产生。从畸形波生成机制探索情况来看，畸形波的生成机制是复杂的，现实海洋中畸形波的生成机制都需要在当时的海洋环境中进行验证。

➡➡ 海啸

海啸这个词的英语是"Tsunami"，源于日语单词，日文汉字字形是"津波"，与这个词接近的翻译是"海港的波浪"（Harbour Wave），是指海底或大陆边缘因发生地震、火山喷发、海底滑坡、冰川崩塌等而导致的海洋波动。海啸是威胁人类生命和财产的重大海洋灾害。自从 1896 年日本本州岛东北海岸发生海啸后，这个词在英语中已经使用了 100 多年。

但其实海啸并不是一个新事物，它一直存在于海洋漫长的历史之中。史料有记载的第一次海啸发生于公元前 426 年的希腊海岸，而一些地质数据则表明地球的早期一直都存在着类似的事件。科学家在受海啸严重影响的印度尼西亚苏门答腊岛最北端的班达亚齐的一个洞穴里，发现了一系列海啸沉积层，并由此得出了千百年来海啸的记录。

海啸只是偶发事件，它的产生需要同时具备深海、浅源、大震等条件。因为发生概率并不高，所以大多数民众对海啸几乎一无所知。2004年12月26日，印度洋沿岸的14个国家遭到海啸袭击，造成29万人死亡。海啸摧毁了印度尼西亚、斯里兰卡、印度、泰国等国家的海岸，并且一路向西袭击了4 500千米之外的非洲东部，包括索马里、肯尼亚、坦桑尼亚、马达加斯加等东非国家。从各个国家沿岸监测到的海啸波高从非洲的2~3米到苏门答腊岛的10~15米不等。此后在2011年3月11日，日本东北部太平洋海域发生9.1级大地震，震源深度20千米。地震引发的海啸对日本东北部的岩手县、宫城县、福岛县等地造成了毁灭性破坏，2万余人在这次海啸灾难中遇难。海啸还导致了福岛第一核电站的爆炸以及核泄漏事故。海啸波在日本沿岸最高达到了23米，横跨太平洋后，在美国、智利、厄瓜多尔等国家的沿岸也达到了2米以上，我国东部沿海的潮位站也监测到了50厘米以上的海啸波。过去一百年间，西北太平洋区域海啸波超过20

米的海啸发生了 7 次。最大波高海啸发生在 2011 年日本大海啸期间,最大波高达 38.9 米。震级最高的地震海啸是 2011 年 3 月 11 日的日本海啸,震级达 9.1 级。

当大家都震惊于海啸带来的巨大灾害时,科学家便已开始深入探究海啸的产生原因、传播特征和破坏性,希望以此减少海啸对人类的危害。

引发海啸的因素包括地震活动、火山喷发、冰川崩塌、海底滑坡以及极少情况下的小行星撞击事件。最常见的海啸是由海底地震或俯冲地震引发,约占已知海啸的 80% 以上。海洋地震的发生原因是两个板块边缘的海洋地壳突然发生抬升或降低运动,一般来说,较重的板块会冲进较轻的板块下方。如果这种震动强度达到了里氏震级 7 级以上,那么地震海底上方的整个水体都会产生位移,然后产生巨大的能量,并向四周传播。

海底地震并不是海啸的唯一原因,海底滑坡也会导致海啸。当海底陡坡承载了过多的沉积物产生滑坡时,也有可能产生海啸。尽管这种情况比较罕见,但也的确发生过。1998 年,巴布亚新几内亚的西北海岸遭到海啸袭击,3 个 7 米多高的巨浪冲向 6 英里长的海岸线,冲毁了 3 个村庄,导致 2 000 人死亡。研究人员事后推测这场海啸最可能的原因就是海底滑坡。产生滑坡沉积物的多少以及该处海底的深度决定了是否会发生海啸以及海啸的强度。

最罕见的海啸成因是小行星撞击。但科学家也已经找到了证据证明35亿年前真的发生过这样的灾难。而在最近的3亿年的时间里,也至少发生过4次这样可怕的灾难。

与台风浪不同,海啸的破坏范围主要集中在沿岸海滨区域。海底的地震和火山爆发产生的巨大能量蕴藏在几千米深的整层海水中,以海啸波的形式向外传播。海啸波的速度可以达到600～1 000千米/小时,相当于民航客机的巡航速度,以这样的速度海啸可以在一天之内横穿整个太平洋。海啸波的波高通常小于1米,几乎不会影响大洋中航行的船只,因此也不易被人察觉,但其波长可达数百千米,短者也有几十千米。当海啸波抵达近岸浅水海域时,因为水深变浅,波速减小,会导致波高急剧增大。因此,大海啸往往会伴随着30多米高的巨浪,海水以80千米/小时的速度冲向海岸线,形成巨大的"水墙",摧毁岸边的一切。

2004年12月26日印度洋海啸发生后,政府间海洋

人类认识海洋

学委员会(IOC)倡议建立新的海啸预警机制框架,形成全球—区域—国家的三级海啸预警系统。各沿海国家也都据此建立了覆盖自己国家海域的海啸预报预警系统。在不远的将来,随着全球海啸预警系统的不断完善,以及人类海啸防灾减灾意识的不断提高,我们可以有效防止海啸带来的灾难,降低受灾程度,让类似于印度洋海啸的灾难不再重演。

➡➡ **赤潮与绿潮**

赤潮,顾名思义,是在海面出现的肉眼可见的红色的潮水的现象。这种现象是由海水中的某些浮游生物或细菌在水质严重污染或富营养化的情况下,短时间内暴发性增殖而产生的。能够引发赤潮的生物被称为赤潮生物,包括浮游生物、原生动物和细菌等。根据赤潮生物的不同,海域可呈现红、褐等多种颜色。赤潮主要发生在近海海域,我国赤潮多发海域主要集中在辽东湾、长江口、杭州湾、珠江口等区域。

赤潮是一种灾害性现象。当赤潮暴发或消亡时,赤潮生物会产生毒素、分泌黏液以及消耗溶解氧,所以赤潮发生时,海洋动物会因缺氧窒息大量死亡,海洋食物链的正常顺序和正常生产过程被破坏。而且,受赤潮影响的鱼、虾和贝类等海洋动物会聚集毒素,若人类误食则会引起中毒,危及人体健康。因此,赤潮严重危害其他海洋生物的正常生存,给海洋生态环境带来恶劣影响,使当地的渔业和海水养殖业蒙受严重损失。

赤潮虽是一种自然现象,但却是人为因素导致的。赤潮产生的主要原因是海洋水体的"富营养化(eutrophication)",就是海水中的氮、磷等营养元素的浓度超过正常水平。但是如果进一步追溯营养元素的来源,那些氮和磷正是源于人类活动所制造的废水污物,它们流入大海最终导致水质恶化,为赤潮暴发提供了化学条件。一旦具备了一定数量的赤潮生物细胞且水体环境适宜,赤潮便会暴发。

绿潮是指海洋中的一些大型绿藻(如浒苔、石莼等)在特定环境条件下大规模暴发增殖或高度聚集导致海洋生态环境异常的现象,跟赤潮一样属于海洋灾害。全世界可形成绿潮的大型海藻有几十种。绿潮通常发生在春夏两季,结束于夏季高温期,多发生在河口、内湾、潟湖和城市密集的海岸区域。自 2008 年起,中国黄海海域每年夏季都会发生绿潮事件。

影响绿潮发生的主要因素有海水富营养化、光照强度、温度等环境因素以及绿藻本身的生物学特性。

绿潮能通过多种途径给海洋生态环境、渔业养殖和沿海航运等造成一系列严重后果。一是形成绿潮的藻类将消耗水中溶解的氧从而造成水体缺氧，威胁海洋动物的生存；二是绿藻对海面的覆盖，导致海水中其他浮游植物因失去光照而无法生存，进而影响海洋生态系统的结构与功能；三是绿藻在海面漂浮会严重影响船只通行、堵塞航运。绿藻在海滩堆积易产生有害气体，影响海滨景观和环境。

对海洋生态环境灾害进行监测和预警是维护国家安全的重要内容。研究检测赤潮和绿潮及其毒素的新方法，监测赤潮和绿潮动态，开展针对性的预测并评估灾害风险，这些工作包含很多尚未解决的问题和技术难题，很有发展潜力。比如，如何通过遥感（在"海洋研究的法宝"一章中会讲到）手段发展赤潮和绿潮的监测方法，提升灾害识别能力；如何在赤潮发展的早期，预测出它的位置和时间，以及将来可能发展的空间范围。完善赤潮、绿潮的监测应用系统、预测预报模式以及灾害评估方案，守护沿海地区的人类健康和增进社会经济福祉，需要更多专业研究技术人员的参与。

▶▶ 海洋影响气候吗？

➡➡ 气候系统

我国的气候类型主要有热带季风气候、亚热带季风气候、温带季风气候、温带大陆气候、高原山地气候等。气候是指某个地区大气气温、降水和光照等要素的多年平均状况。根据世界气象组织（WMO）的规定，一个地区的标准气候平均状况至少需要 30 年时间来观测。在漫长的自然环境变化过程中，气候系统决定了气候的形成、分布和变化。

气候系统主要由五部分构成，分别是大气圈、水圈、岩石圈、生物圈、冰雪圈。它是一个高度复杂的系统，五个圈层相互作用、相互影响，涉及不同介质、不同尺度的现象之间的物质交换、能量传递和相互作用，涉及不同尺度的反馈过程，涉及水的不同相变过程、物理和化学过程等。在气候系统随时间演变的过程中，它还会受到一些自然强迫的影响，例如，火山爆发、太阳活动变化等。同时，也会受到部分人为强迫的影响，如不断增加的温室气体和不断改变的土地状况等。

　　大气是气候系统中最容易变化的部分。当输入大气的外界热量(主要是太阳辐射)发生变化时,大气可通过各种热量输送和交换过程,在大约一个月内对外界热量的变化做出响应,从而调整对流层温度的分布。

　　陆地表面具有不同的地形,其海拔、沉积物和土壤类型各不相同,同时还存在着河、湖、地下水等水体。其中,河、湖、地下水是水循环中的重要组成部分。陆地的热容量小,同时陆地上的河流湖泊水体交换也较快,因此岩石圈也是气候系统中较容易变化的部分。

　　海洋因其庞大的体积和巨大的热容量,能吸收大部分太阳辐射能,成为气候系统中一个巨大的能量储存库,在全球热量的平衡中起着重要作用。海洋表层可在数月到数年的时间内通过与大气或者海冰发生作用来调节其温度;而海洋深层的温度调节时间则长达几百年。

　　在大陆冰原上,尽管覆盖冰川和冰原的雪以及海冰存在明显的季节变化,但冰川和冰原的整体体积变化则要缓慢得多。同时,冰川和冰原的整体体积变化与海平面高度的变化息息相关。冰雪具有很大的反射率,直接影响地球接收太阳辐射的程度,因此在气候系统中,它是一个制冷的因素。

生物圈是生存在大气、海洋和陆地的生物及其生存环境的总称。生物对于维持大气和海洋中的二氧化碳平衡、气溶胶的产生和其他气体成分、盐类有关的化学平衡都有着很重要的作用。植物随温度、辐射和降水的变化而发生自然变化，变化的时间尺度从几个季度到数千年不等。植物自身的变化也会改变地面反射率和粗糙度，影响水分的蒸发、蒸腾及地下水循环。由于动物需要得到食物和栖息地，其生存和生物圈的其他要素息息相关，动物群体的变化也可间接反映气候的改变。

人类高度关注气候变化的现象、成因和影响。但由于收集气候数据的时间有限，人类只能认识到气候系统内极少数要素的分布和演变，而这样的演变却涉及整个气候系统多时空尺度复杂的非线性相互作用过程，所以，我们一般认为气候与环境的变化是气候系统的自然变率与人类活动共同影响的结果。要真正掌握气候系统的变化规律，既需要把握气候系统内各圈层之间复杂的相互作用，又要掌握外部因素和人类活动自身的复杂影响，这就要求人类找到一种能整体考虑这些影响气候系统的复杂过程的方法。在目前看来，发展和完善气候系统模式是唯一途径。

➡➡ ENSO

ENSO 是厄尔尼诺（El Niño）和南方涛动（Southern Oscillation）的合称，是发生于赤道东太平洋地区的风场和海面温度震荡。

厄尔尼诺是一种热带太平洋水温分布异常的现象，具体表现为热带东太平洋海水温度异常增暖。其名字来源于南美西岸的渔民。渔民通过经验总结出，在厄瓜多尔和秘鲁沿岸，每隔几年会出现一支弱的自北向南的暖洋流，代替此处平常存在的冷水。因为这股暖洋流通常出现在圣诞节前后，所以被称为厄尔尼诺，在美洲西班牙语中为"圣婴"的意思。由于海温异常升高，沿岸冷水鱼群大量死亡，海鸟也因此丧失食物而迁徙，原本的渔场顿时失去生机，沿岸国家遭受巨大损失。

南方涛动是热带东太平洋地区与热带印度洋地区气压大小变化的"跷跷板现象"。通常用塔希提岛与达尔文岛两地的海平面气压差值作为定量衡量南方涛动程度的指数。

厄尔尼诺和南方涛动发生时，分别代表热带太平洋海域海表面温度（海洋的状态）分布和海平面气压（大气的状态）的分布偏离正常年份，两个看似"风马牛不相及"

的现象却能合成为一个词——ENSO，说明海洋和大气之间能够相互作用、相互影响。总之 ENSO 是耦合在一起的海洋-大气系统的异常状态。

那么热带太平洋正常的海洋-大气状态是怎样的呢？在东北、东南信风的持续吹拂下，热带太平洋西部海洋上层聚集了一股深厚的温暖的水，我们称为暖池。暖池区水温高，所以此区域气流上升。而热带太平洋东部因为信风把暖水都带走了，所以表层温度相对西部较低，该区域称为冷舌，冷舌区气流下沉。暖池、冷舌分别形成的太平洋西侧上升气流、东侧下沉气流加上海表的信风和对流层顶部从西吹向东的风就形成了沃克环流。而沃克环流的信风又支撑了暖池、冷舌的分布。海洋和大气在和谐的相互关系中维持着循环和平衡。

东太平洋在离岸信风的作用下，其表层海水产生离岸漂流，导致这里的海水质量辐散，下层冷海水上涌，表层温度降低。上涌的冷海水营养盐比较丰富，浮游生物得以大量繁殖，鱼类的饵料充足，秘鲁渔场便形成了。

当一个偏离正常的扰动发生时，比如沃克环流变弱，暖池因为信风减弱而无法维持，暖的海水会向东蔓延，致使太平洋东部与中部的热带海洋海水温度异常地持续变

暖,原本下沉的气流减弱或变为上升气流,导致沃克环流继续变弱。这种系统输出的变动所产生的影响恰好和原来变动的趋势相符,称为正反馈。正反馈强到一定程度,会使整个体系崩溃,原本的状态被改变。ENSO 就是海洋-大气系统因扰动的正反馈而产生的异常现象。

厄尔尼诺每隔 2～7 年发生一次。其出现频率并不规则,但平均约每 4 年发生一次。一旦发生,现象倾向于持续 1 年左右,有时甚至能持续 18 个月乃至更长。我们可以通过监测赤道太平洋的水温变化来确定是否发生厄尔尼诺事件:将 160°E 以东的赤道太平洋分成 4 个区,若尼诺 3.4 区的海表面温度连续 3 个月高于多年平均温度 0.5 ℃以上,即确定发生厄尔尼诺事件。

近 50 年间曾经发生过 3 次强烈的厄尔尼诺事件,分别是 1982—1983 年、1997—1998 年、2015—2016 年。ENSO 会使热带太平洋地区的气候状况出现异常:原来干旱的赤道太平洋中部东部,如南美太平洋沿岸国家降水量剧增,容易发生洪涝灾害;本为雨季的赤道太平洋西部地区如印度尼西亚、澳大利亚一带则会出现干旱。厄尔尼诺还可以通过大气环流的作用影响到中高纬度地区。很多气候异常现象与此相关,如我国长江流域的强降水。

对 ENSO 进行预测并改进 ENSO 的预报技巧具有重要意义。然而,ENSO 的发生和发展具有多尺度和非线性特征,目前仍然没有一个预测方式能够很好地预报出 ENSO 事件爆发的具体时间、变化过程和持续时间。因此,如何增进对 ENSO 事件过程的理解、加强观测以及提升预报技巧,是目前国际上亟须解决的难题。

➡➡ 太平洋年代际振荡

伴随着现代高科技观测技术的发展,海洋温度和海面高度数据的时间序列越来越长,科学家可以根据观测数据分辨出周期为十几年乃至几十年的振荡,从而能够在较长的时间尺度上去探究海洋与大气相互作用的机理。

在太平洋,除了 ENSO 之外,还存在着一个更长周期的变化的模态,其周期大约在十年到几十年,我们称之为太平洋年代际振荡(Pacific Decadal Oscillation,PDO)。1996 年,华盛顿大学的海洋渔业学家史蒂文·黑尔根据海洋渔获量的长期记录发现北美的鲑鱼产量与太平洋海温的周期性变化有关,并据此最早提出并命名了 PDO。

PDO 与 ENSO 表现出的两个海域跷跷板式的温度变化很类似,但与 ENSO 有两点显著不同。一是不同于 ENSO 2～7 年的周期,PDO 是海表面温度的十年到几十

人类认识海洋

年周期的变化。二是不同于 ENSO 发生在热带太平洋的东西两侧，PDO 大致发生在太平洋西北-东南两侧的中纬度海区，主要影响北太平洋和北美地区，其次影响热带太平洋。PDO 可分为冷、暖位相，当 PDO 处于暖位相（正位相）时，PDO 指数为正，意味着 20°N 以北的西太平洋表层温度异常冷，而热带中东太平洋海温包括美国东南气温异常暖；冷位相时相反。

一般认为，1890 年以来 PDO 经历了 3 次位相改变的时间节点，分别是 1925 年、1947 年和 1976 年，即 1890—1925 年和 1947—1976 年为冷位相阶段；1926—1946 年和 1977—1999 为暖位相阶段。然而之后的 PDO 冷、暖位相的时间则显著缩短，比如 1999 年之后的冷位相只持续了 3 年（1999—2002 年），再之后的暖位相只持续了 3 年（2002—2005 年），2007—2013 年的冷位相也只有 6 年。2014 年开始的一个强烈的温暖 PDO 阶段，一直持续到 2020 年。

PDO 这种地球气候系统自然发生的内部变化，可能会对天气或气候产生深远的影响，研究表明 PDO 对北太平洋和北美地区的气候、渔业产量和生态系统都产生了重要的影响。同样，PDO 与 ENSO 共同作用也深刻影响着我国的气候变化。

➡➡ 气候突变

20世纪上半叶之前，人们普遍认为，即便地球的气候有所变化，也是相当缓慢的，普通人的一生难以经历显著的气候变化。虽然不同地区时常会发生一些气候异常，如持续的干旱、大范围的洪涝等，但人们根据自己的生活经历，总是相信这些异常只是暂时性偏离正常的气候状态，经过一段时间总会恢复常态。因此，地球气候是否存在短时间内的突变，一直是气候科学研究中的一个疑点。

近50年来通过对古气候的研究，特别是对格陵兰岛冰芯和北大西洋海床沉积芯的分析发现：在以10万年为主要周期的冰期循环中，各个冰期都存在较小规模的气候循环，也就是说，冰期中的气候并不只是寒冷，其间还包含剧烈的气候变化。1988年，德国研究者海因里希在对北大西洋海床沉积芯进行分析时，发现了保留在沉积物中证明浮冰输入的证据，即冰筏碎屑沉积。这意味着，北大西洋存在着从大陆冰川滑入而漂浮在海洋上的冰山，当冰山漂流融化时，内部包含的岩屑沉入海底，形成特殊的大洋沉积层。这种以一万年为周期的反复发生的急速寒冷化过程，称为海因里希事件。一般认为海因里希事件的机制是：随着北美大陆冰盖厚度的增加，冰盖底

部与地壳相接触的部分不断吸收地热,导致陆冰交界部分的温度不断升高,地壳附近的冰层融解变成水后起到润滑剂的作用,导致冰盖像坐滑梯一样滑入哈德森湾。由于冰盖滑入,北大西洋盐度下降,其水体下沉的速度放缓,全球的水体输运带延缓,热量从低纬度向高纬度的传输受到阻碍,进而引起了全球寒冷化。海因里希事件的发生机制尤其是冰山脱落的驱动机制还存在很多争论,但冰盖或冰盖融化产生的淡水影响海洋环流从而引起气候突变,是已被科学证实的。

新仙女木事件是一次有确凿证据的剧烈的全球寒冷化事件。距今 1.27 万年前气温骤降,短短十年内,地球平均气温下降了大约 7～8 ℃,世界各地转入严寒,这次气候突变事件,被称为新仙女木事件,其命名来自欧洲这一时期的沉积层中生长在严寒地区的草本植物仙女木的残骸的发现。这次寒冷期持续了 1 000 多年,直到 11 500 年前,气温才又突然回升。

电影《后天》就是取材于新仙女木事件的假说:全球气温升高造成大陆冰川的快速融化,淡水注入大西洋后,改变了海洋盐度的分布,进而减缓了北大西洋暖流的下沉,使水体输运带停滞,切断了低纬度海区向极地输送热量的主要通道,使全球气候在短时间内发生由暖向冷的转折,地球进入下一个寒冷期。

很多证据表明目前全球水体输运带的运转速度正在减缓,但其原因究竟是全球变暖,还是地球气候系统调整,目前尚无定论。另外,工业革命以来的全球变暖现象,最终是否会使全球水体输运带完全停滞,导致新仙女木事件的重演,也是气候学家关心的问题之一。因此,如何控制全球气候变暖,避免全球性气候突变事件的发生,已经成为国际社会共同关心的话题。

海洋研究的法宝

海洋事业关系民族生存发展状态，关系国家兴衰安危。要顺应建设海洋强国的需要，加快培育海洋工程制造业这一战略性新兴产业，不断提高海洋开发能力，使海洋经济成为新的增长点。

——习近平

▶▶ 海洋观测

在 20 世纪之前，科学家会根据自己所认知的最佳方法对海洋进行观测。他们驾船出海，布放简陋的测量仪器，对海洋进行直接的观测。比如，利用温度计测量海水的温度、从海底挖取样本、收集海洋中的动植物、通过深度测量判断海底的地形和地势。虽然那时方法简陋、精度低下、数据稀疏,但科学家还是积累了大量关于海洋的信息。

　　进入 21 世纪后,用于观测海洋、获取海洋信息的技术手段变得越来越精细、复杂,科学家不再局限于通过长时间的远洋航行来获取简单的海洋信息和样品。现代的海洋观测使用更为广泛的方法、更加精密的仪器以及更具科技含量的技术手段,包括先进、功能综合的科考船,绕地运行全球观测的海洋卫星,还有无人值守默默记录的浮标与潜标,比如跟随海水边走边测的 ARGO 浮标。在这些观测仪器的帮助下,一个不断完善的全球性动态海洋数据系统逐渐建立、完善,这将帮助科学家随时了解海洋的状态。

➡➡ 海洋科学考察船

　　海洋科学考察船(简称科考船)是指用于调查研究海洋水文、地质、气象、生物等特殊任务的船舶,如我国的"东方红 3"号、美国"亚特兰蒂斯"号(Atlantis)以及英国"詹姆斯·库克"号(James Cook)等。

　　科考船是获得海洋观测数据必不可少的工具,是海洋探测与研究的重要平台。纵观近代海洋科学的发展,

海洋研究的法宝

尽管各种观测手段、高新技术不断涌现，但科考船仍是获取海洋研究数据的最基础的途径。它不仅可以直接进行海洋综合考察工作，还可成为各种浮标、潜标和中性浮子等布放、回收的载体，同时也是各种自航设备如无缆水下机器人（AUV）、遥控无人潜水器（ROV）和深潜器等的母船。

同一般的船只相比，科考船需要配备执行考察任务所需的专用仪器装置、起吊设备、工作甲板、研究实验室和能满足全船人员长期工作和生活需要的设施，要具备与任务相适应的续航力和自持能力。此外，船体还应具备良好的稳定性和抗浪性，稳定的慢速推进性能，以及准确可靠的导航定位系统。

在使用科考船进行系统的海洋调查前，科考船会根据研究需要选择搭载相应的各类观测设备。在到达观测地点之后，科考船上的操作人员会将设备放入海中，对海水进行观测和取样。科考船可进行物理海洋、海洋气象、地球物理、地质、化学、生物等多个学科的综合调查。比如，科考船会向海里下放电导温深仪（CTD），这个设备可以记录海水的温度、盐度和深度等参数。电导温深仪在下放过程中会不断地测量、记录海水的温度、盐度和深度等信息，科研人员只需坐在船上的工作室里，就可以实时获得仪器在当前所在深度上的观测数据。数据也可以储存在磁盘中,供科学家进行后期分析使用。此外,安装的声学多普勒流速剖面仪(ADCP)也可以利用声学原理在船航行时观测海水在不同深度上的运动速度和运动方向。

除了利用观测仪器直接入水来观测获得海洋生物化学参数,还可以通过采水器在不同的深度上进行采样获得相应参数。比如,海洋地质专业以采集海底沉积物或岩芯为主要手段进行科学采样,来获取研究数据。

现代的大型科考船往往搭载着先进的海洋调查仪器,同时还装备卫星通信、导航系统和无人缆控潜水器、深海拖曳探测系统,具备强大的动力定位能力、卫星通信能力和携带深潜或自航设备的能力。像美国伍兹霍尔海洋研究所(Woods Hole Oceangraphic Institution)管理的"亚特兰蒂斯"号就是第三代科考船的代表,它的科技优势主要体现在三个方面:一是吊装能力强,它配备折臂吊、伸缩吊等设计先进、功能齐全的塔吊设备,可完成深潜器、遥控无人潜水器以及地质采样等大型设备的收放;二是绞车和钢缆、电缆系统配备完善,拥有可用于深拖的万米钢缆,用于深潜调查和电视抓斗的万米同轴钢缆,用于多通道地震仪的万米光纤,用于电导温深仪的万米铠

装电缆、万米水文钢缆等；三是"亚特兰蒂斯"号可以搭载深潜器，是包括"阿尔文"号在内的四艘深潜器的母船。美国使用该深潜设备在深海热液硫化物矿藏和黑暗生态系研究中取得了一系列开创性的成果。

如果进行南北两极海洋科学考察，科考船还需具有坚固的船体、高防寒性能、强破冰能力，同时需要更强的续航能力和更高的排水量，我们一般称南北极科考船为破冰船。我国第一艘专门从事南北极科学考察的破冰船是"雪龙"号，它从 1994 年开始专门承担运送科考队员和物资的责任以及极区大洋的调查任务。"雪龙"号船长167 米，满载排水量 21 025 吨，续航力超过 20 000 海里，能以 1.5 节(1.5 海里/小时)的航速连续冲破 1.2 米厚的冰层。在"雪龙"号的水文资料采集室中，安装了可以用来探寻磷虾及其他极区水生动物的鱼探仪、用于极区测量的破冰型深水多波束系统和用于极区天气情报分析的气象遥感卫星接收系统等仪器和设备。此外，还具有"雪鹰12"号直升机以及满足直升机起降的飞行平台。

随着近年来我国综合国力不断提升，我国科考船的设计与建造也从模仿、跟随他国走到了引领世界的黄金期，在建和新建科考船的数量均居世界首位。"东方红""向阳红""远望""海洋""科学""实验"等系列的新型科考船的相继问世，为我国海洋科学考察研究提供了强有力的保障，极大地提高了我国海洋事业的国际地位。

海洋科学多学科交叉研究的不断深入对科考船的综合调查能力、现场分析能力等提出了更高的要求。未来的科考船应具有更为强大的船舶定位、卫星传输能力，更为先进的综合调查能力和携带设备能力，具有直接探测海洋资源和海洋环境的能力，还应具备水面支持系统，包括施放、回收和维护深海浮标和锚系阵列的技术，接收和处理卫星探测资料的能力，探测海洋大气成分和大气边界层的技术。同时，还应具有可以直接进行热液硫化物与深海生物圈资源、环境的原位探测的能力，具有进行保真采样及施放和回收机器人的技术，能在高温、高压的条件下进行现场分析和模拟实验等能力。科考船具有综合大洋钻探计划浅层探测分析平台技术的功能，若装备长柱状、大口径箱式采样器，则可连续采取长达 60 米的深水岩芯，来满足深海海洋环境研究的需求。这些先进技术将为海洋学及全球海洋变化的研究提供自主样品，使科考船真正成为流动的海上实验室。

➡➡ **浮标与潜标**

海洋观测技术发展到今天，形成了许多与出海观测

不同的观测方式,比如位于海面上的浮标、锚定在海面下的潜标以及在海洋内部自由活动的自动水下观测仪等。这些观测设备不需要人工实时操作就可以实现长期连续观测,特别是浮标和潜标能实现对某一个地方的长期连续观测,从而为科研人员提供极其宝贵的观测数据。

我们这里说的浮标,是指海洋观测锚系浮标,它是由锚定在海面上的观测平台以及平台上的海洋观测传感器所组成的海洋水文气象自动观测站。它可以按照设定要求长期、连续地收集所需海洋水文气象资料,同时能收集到科考船难以收集到的恶劣天气及危险海况的资料。浮标目前已成为离岸海洋观测的主要装备,同时也是海洋业务化观测必不可少的观测系统。

浮标的两大主要构件是浮标体和传感器,除此之外,还包含数据采集装置、通信系统、供电系统和系留设备等组成部分。浮标体是海上仪器设备的载体,多为圆盘形、圆球形。我国近海用于业务化运行的浮标类型主要是直径为 10 米的大型浮标和直径为 3 米的小型浮标。

浮标体上主要装备了观测气温、湿度、风速、风向、气压等气象要素的传感器及观测流速、流向、水温、波浪、盐度等海洋要素的传感器,它们能提供连续、实时的海洋水文监测数据与气象观测、监测数据,并实现自动传输,从而实现海面动力环境和海气界面气象参数长期连续的观测,进而服务于海洋科学研究、海上油气开发、港口建设和国防建设等。

锚系浮标因为工作于海面,所以只能采集海面或海洋表层的数据,无法获取深层海洋的参数信息。海洋潜标的观测则弥补了锚系浮标的不足。海洋潜标是系泊在海面以下长期观测海洋环境要素的系统,又称为水下浮标系统。

潜标的主浮体放置在海面以下 50~100 米或更深的水层中,以避免来自海面的扰动。锚系系统则将整个潜标固定于海底,潜标搭载的传感器也都在海面以下工作,定点进行海洋环境参数测量,主要进行海流、温度和盐度等参数的定点、长时序、剖面测量,还可配置生物捕集器等装置,用于观测海洋生态环境。

潜标释放器作为海洋潜标的重要组成部分被安放在系留索与锚的连接处。回收潜标时,由水上机发出指令,释放器接收指令后释放锚体,系统上浮回收。潜标系统的安全回收意味着潜标该次的观测取得成功。

潜标观测的优势在于受海面异常天气的影响和人为

破坏的影响小,因此应用海域范围较广、观测数据质量较稳定、隐蔽性较强,是长期且隐蔽地开展海洋动力环境观测的有效手段。此外,它还可以与其他海洋观测设备形成互补关系,如剖面探测浮标、漂流浮标、气象浮标、水下滑翔器、波浪滑翔机等,从而实现对海洋环境的立体观测。

随着科学技术的进步,浮标和潜标的自动化水平、通信能力、可靠性、工作寿命等方面不断提高,已成为海洋动力环境观测系统、业务化观测系统和海洋军事环境保障不可或缺的组成部分。

➡➡ ARGO 浮标

ARGO 浮标,是用于实施国际地转海洋学实时观测阵计划(Array for Real-time Geostrophic Oceanography,俗称 ARGO 全球海洋观测网,简称 ARGO 计划)的专用测量设备。不同于浮标和潜标固定地点的观测,ARGO浮标可以在海洋中自由漂移,自动测量从海面到 2 000 米水深之间的海水温度、盐度和深度。跟踪它的漂移轨迹还可以测量出海水的移动速度和方向。

ARGO 计划是一项由 30 多个国家和组织联合参与的全球海洋观测项目,其目标是组建一个全球海洋实时观测网,快速、准确、大范围地收集全球海洋2 000米以上的海水温度、盐度和浮标漂移轨迹等资料,用以提高海洋和气候预报的准确度,从而有效应对日益严重的全球气候灾害给人类造成的威胁。2000年以来,全球已经部署了15 000多个自由漂流浮标,累计收集超过200万个电导率、温度、深度和其他地球生化参数的剖面。ARGO计划已成为海洋科学众多研究和业务的主要数据源。

ARGO浮标在海洋中漂浮的工作原理和循环周期是它的主要特色。标准的ARGO浮标任务的循环周期大约为10天,浮标在一个周期内的大部分时间(约8～10天)都随着洋流在预设的深度(1 000米左右)漂流。之后下潜至2 000米的深度,随后再上升返回到海洋表面(平均上升速度约10厘米/秒),这个过程大约需要几个小时,浮标在上浮过程中便可完成温度和盐度剖面的测量。ARGO浮标在上浮到海面后,开始与卫星通信联系,不仅把观测到的海水温度、盐度和压强信息通过卫星发送回陆地上的接收站,同时还通过全球定位系统(GPS)发送自己的位置信息,并接收新的任务指令。对于大多数ARGO浮标来说,停留在海面的时间为15分钟至12小时不等(具体时长由浮标与卫星传输数据的速度所决定),当全部的测量数据传输完毕后,浮标会再次自动

海洋研究的法宝

下沉到预定深度并在该深度随海水漂流,从而继续完成一个完整的持续 10 天左右的观测。这个循环周而复始,直至 ARGO 浮标电量耗尽而停止。

ARGO 浮标的构造,大体可分成上中下三部分。浮标上部集成了通信、传感器和平衡盘(使 ARGO 浮标时刻处于垂直观测状态的装置);位于中间的浮标体内部安装了控制器、电机泵和电池等设备;浮标下部则是皮囊和储油罐,油泵装置可根据观测需求控制浮标体积,改变浮标的密度,从而使浮标完成上浮和下沉。即上浮时油泵驱使油注入浮标下部的皮囊,增大浮力;而下潜时油再流回储油罐,浮力减小从而完成下沉。油泵被压力传感器传回的深度参数等反向控制,从而决定下潜深度、水下停留时间、上浮时间、水面停留时间,以及决定再次下潜的时间等。

ARGO 浮标是人类历史上首个建成的全球海洋立体观测系统。该计划从实行至今所获得的温度、盐度剖面,比过去 100 年人类通过科考船收集的总量还要多,且观测资料无条件免费共享。

目前,ARGO 浮标在设计上已经基本稳定成熟,其发展方向以现有技术的改进为主:一是多参数化,通过加载更多海洋观测传感器，实现剖面测量的多参数化，比如"生物地球化学 ARGO"（即"Bio-ARGO"或"BGC-AR-GO"）将增加测量生物地球化学要素（如 pH、溶解氧、营养盐和叶绿素等）的剖面；二是研发工作深度更大的剖面浮标，如"深海 ARGO"（或"Deep-ARGO"）子计划将推进下潜深度大于 3 000 米的剖面浮标的研发。

➡➡ 海洋卫星

在 20 世纪八九十年代的海洋科学教科书里，海洋卫星还只是作为用于海洋监测的高新技术被介绍。而目前，海洋卫星已被用来观测大多数的内波、锋面等中小尺度过程、海洋环流、气候变化等现象。

海洋卫星是搭载传感器和应用遥感（Remote Sensing）技术，可以对全球海洋进行大范围、长时期观测的卫星平台。遥感技术是一种远离目标、通过非直接接触的方式测量并分析目标性质的技术。海面会反射、散射或自发辐射不同波段的电磁波，这些电磁波携带了海洋中某些表层现象的特征，因此可以与海表的环境参量建立起关系。这意味着，携带着海水颜色、海表面温度、海表面粗糙度以及海面高度等信息的电磁波可以通过大气层

海洋研究的法宝

被传感器接收，研究人员则可以通过分析携带信息的电磁波能量反向提取某些海洋的物理量。

海洋卫星获得的海洋数据具有全天时、全天候、大范围、长时间序列等众多优势，因此可以有效弥补传统海洋观测手段的不足，为人类深入了解和认识海洋提供不可替代的数据源，同时也在海洋环境预报与安全保障、全球气候变化、海洋灾害监测、海洋生态与资源监测调查、海洋工程建设等方面起着重要作用。

遥感观测的使用可以追溯到第二次世界大战期间，最开始被用于满足军事侦察的需求。到 20 世纪 60 年代早期，科学家根据极轨气象卫星的热红外数据和宇航员发回的光学照片等辨识并得出有用的海洋信息。1964年，美国国家航空航天局（NASA）在美国伍兹霍尔海洋研究所资助并召开了一次研讨会，该会议以探讨从卫星数据中获取海洋信息的可能性为主旨。会议最后形成了从太空研究海洋可行性的有关报告，几乎包含了所有当时先进的卫星遥感技术：卫星测高、多谱段热红外成像、微波辐射测量、可见光光谱测量、卫星雷达与散射计等，刺激了美国国家航空航天局一系列海洋观测和传感器项目的发展。1978 年 6 月 26 日，世界上第一颗海洋卫星

SEASAT 成功发射,同年 10 月 13 日和 24 日,另外两颗卫星 TIROS-N 和 Nimbus-7 也相继发射成功,这三颗卫星搭载的传感器具备了从太空全面观测海洋的能力。此后,全球的科技强国如美国、日本、中国以及欧盟各国等都建立了自己的海洋卫星观测系统来进行海洋观测,目前全球具有海洋观测能力的卫星有近百颗。

根据搭载传感器获得海洋信息的类别不同,可将海洋卫星分为海洋水色卫星、海洋动力环境卫星和海洋监视监测卫星三类。

我国海洋卫星的发展起步较晚,而且受国外的技术封锁。尽管如此,卫星总体设计、传感器研制、海洋和大气等领域的科研工作者筚路蓝缕、通力合作,经历七个五年计划的发展,最终使我国的海洋卫星无论在数量上还是质量上都跻身世界前列。

我国第一颗海洋水色卫星是属于海洋一号系列卫星的 HY-1A,于 2002 年 5 月 15 日成功发射。海洋一号系列包含多个海洋水色卫星,被应用于海洋水色、水温和海岸带的观测。HY-1A 和 HY-1B 为试验星,配置了海洋水色水温扫描仪、海岸带成像仪。HY-1C 和 HY-1D 为业务星,进行上、下午组网观测,陆海兼顾。海洋水色卫

星一般配有海洋水色水温扫描仪、海岸带成像仪、紫外成像仪、定标光谱仪等传感器,具有多空间分辨率、高信噪比、高动态范围与宽刈幅等优点。

海洋二号系列卫星包括一系列的海洋动力环境卫星,可在全球范围内全天候地监测海面风场、浪高、海面高度、海面温度等多种海洋动力环境,可直接为灾害性海况预警提供实测数据,并且为海洋防灾减灾、海洋权益维护、海洋资源开发、海洋环境保护、海洋科学研究以及国防建设等提供支撑与服务。海洋二号搭载了雷达高度计、微波散射计、微波辐射计等设备,具备双频全球定位系统、船舶自动识别系统、数据收集系统、双向数据通信系统等。其中 HY-2A 为试验星,HY-2B、HY-2C、HY-2D 三星则实现业务化组网观测。

海洋监视监测系列卫星用于全球海洋和陆地信息的全天候监视与监测,搭载 C 频段多极化合成孔径雷达,可用于海洋、水利、气象以及防灾减灾等多个领域,是我国实施海洋开发、进行陆地环境资源监测和应急防灾减灾的重要技术支撑。目前,在轨工作的海洋监视监测系列卫星是 GF-3 卫星,后续还将有另外两颗搭载 1 米分辨率的 C 波段 SAR 卫星与 GF-3 卫星组网。

中法海洋卫星(CFOSAT)为中法两国合作研发的科研试验卫星,中方提供散射计,法方提供波谱仪,主要任务是获取全球海面波浪谱以及有关海面风场、南北极海冰的信息。CFOSAT数据将加强对海洋动力环境变化规律的科学认知,提高对巨浪、海洋热带风暴、风暴潮等灾害性海况预报的准确度与时效性,同时获取极地冰盖有关数据,为全球气候变化研究提供基础信息。

传感器的遥感精度随着卫星遥感技术的发展在不断地提高,目前可以接近、达到甚至超过现场观测数据的精度。

▶▶ 实验室研究

先进的海洋观测手段大大提高了人们观测海洋的效率,但由于海洋过于庞大,我们目前无法通过观测获得全球海洋的全部信息,对于观测某个现象(如中尺度涡旋)的完整变化过程也有一定的阻碍。因此,很多海洋现象的研究被放到了实验室当中进行。尽管实验室有限的空间难以完全复制广阔的海洋,但实验室观测有两个无可替代的优势:一是观测成本非常低,二是可以控制实验条件和环境变量。

海洋研究的法宝

➡➡ **物理海洋实验室**

在实验室进行实验来揭示物理现象背后的原理是科学家通常使用的方法,这也是现在进行海洋科学研究所使用的重要方法。

物理海洋实验室主要模拟海洋中发生的不同尺度的物理现象,从而深化对现象的理解,发现影响因素,激发创新性的解释和应用。因为在实验室里,很多条件都是可控的,比如风的大小、方向,水的密度分层,地形等,所以有助于探讨和分析海洋中各类自然现象的发生机理和影响因素。

在实验室有限的空间里模拟测量大范围的海洋的数据是否具有意义,是否还能代表海洋中的真实状态呢?答案是:只要满足流体的相似性原理,实验就是有意义的。所谓的相似性原理,就是流体运动尺度与运动空间尺度的比例在海上和实验室中相似,流动速度大小成比例且流动方向相同。如果满足相似性条件,就可以用实验室中流体的运动规律来代表海洋中的真实状况。比如,实验室中的旋转平台,尽管尺寸较小,但同样可以模拟地球旋转,从而观察流体在旋转的地球上出现的流动特征。

风–浪–流实验水槽是物理海洋实验室中的一个有特色的装置，这个设备可以用来模拟在海面风的驱动下，海浪和海流的产生及变化。风–浪–流实验水槽通过风机、造波机和造流机在封闭的管道中形成人造风，从而吹起海浪、形成海流，模拟出海面的背景环境，因此，可局部再现海上风、浪、流的状况以及一些相互作用的基本动力过程和各种小尺度物理海洋现象，继而运用各种技术手段，近距离地观察和观测这些海洋现象内部的各种运动规律。因此，风–浪–流实验水槽是物理海洋模拟实验特别是小尺度海洋过程模拟实验常用的基本设备。

中国海洋大学物理海洋与海洋学实验室内的水槽工作段长 25 米、宽 0.8 米、高 1.2 米，水槽底面距离地面 0.6 米。水槽的整体采用全不锈钢框架结构，侧面和底面均为跨度为 3 米的双层玻璃。水槽管路采用闭合回风和回流结构，管路的回风和回流部分为玻璃钢材质。由于水槽的闭合性，槽内的空气和水都可以实现加温、加二氧化碳等过程。水槽顶盖两侧有双路轨道，水槽上方的屋顶架设有负重导轨，为实验设备的架设和移动提供了方便。该水槽的风速范围为 2～15 米/秒、流速范围为 0.05～1.0 米/秒，造波机可制造大波面位移达 30 厘米的规则波和随机波。

　　水槽的回风管道部分设置了一个用于流体力学实验的标准风洞，风洞工作段尺寸为500毫米×500毫米×1 000毫米，工作段内风速均匀、湍流度小，可以用来进行边界层实验、环境模拟实验、气象仪器检测、风速仪器标定等。实验水槽配有多种片光源，包括可见光平行光源和激光片光源，可以采用流动显示技术和粒子图像测速法技术观察及测量水槽中流体的运动规律。

　　风-浪-流实验水槽可以用于物理海洋的风、浪、流及其耦合方面的模拟。除了机理研究，风-浪-流实验水槽也服务于海洋科学类的本科生和研究生实验教学。通过实验，学生可以了解物理海洋的基本概念和实验研究方法，加深对所学知识的理解，提高学生的观察能力和创新能力。学生可以开展的实验包括风速廓线测定实验、海浪谱测定实验、风浪成长实验、波浪破碎实验、波浪引起流动测定实验、驻波模拟实验、孤立波模拟实验、波浪相互作用模拟实验、波浪与结构物相互作用实验、波浪发电模拟实验、波浪溢油扩散模拟实验、波浪对浒苔扩散影响的模拟实验等。

　　物理海洋与海洋学实验室是中国海洋大学海洋与大气学院海洋学国家级实验教学示范中心重要的功能实验室之一，也是该中心最具特色的实验室之一。实验室除了具有上文所提到的地转模拟实验平台和风-浪-流实验水槽,还拥有分层与内波实验水槽、循环流水槽、剪切流水槽、断面流场测量仪等一系列开展物理海洋模型实验的设备,这些设备基本都是具有自主知识产权并自主研发的。这些设备可以模拟海浪、海洋湍流等小尺度现象与过程,以及海洋内波、中尺度涡旋等海洋中尺度现象,同时可以模拟海盆尺度环流、大洋风生环流、热盐环流等海洋多尺度现象,对认识海洋现象与培养学生综合实践创新能力具有重要作用。

➡➡ 海洋生物实验室

海洋生物包括海洋动物、海洋植物、微生物及病毒等。海洋生物由于其生长环境的特殊性,蕴含着大量结构新颖、功效显著的生物活性物质和天然产物。海洋来源的天然大分子如海藻酸、甲壳质和胶原蛋白是新型医用生物材料的重要原材料。人们对海洋生物的研究、海洋生物工程技术开发、新型海洋生物制品的研发、海洋环境的污染防治以及海洋生物多样性的保护等,都可以借助科学实验的手段来实现,这也是海洋生物实验室的重要功能。

海洋生物体内天然存在多种酶和活性蛋白质。在生

海洋研究的法宝

物化学与分子生物学实验模块的实验设置中，可以利用生物化学研究技术对海洋活性酶和功能蛋白质进行分离、纯化，并系统地研究蛋白质的分子量、等电点和蛋白质含量，也可以进行酶学性质的研究。还可以利用分子生物学研究技术提取海洋生物的脱氧核糖核酸（DNA）或核糖核酸（RNA），测定核酸的浓度，利用琼脂糖凝胶电泳对核酸样品进行分离和观察，利用生物学的聚合酶链式反应（PCR）技术进行目的基因的扩增。在海洋生物技术综合大实验的支撑下，研究者也可以开展基因重组和蛋白质外源表达工作，研究蛋白质的功能、生产功能型蛋白质。通过基因工程技术，将外源基因与表达载体连接，构建重组质粒，导入常见的宿主如大肠杆菌中，从而利用大肠杆菌的大规模发酵培养，实现蛋白质的外源表达。

海洋生物实验室以海滨生物与生态为依据，采用航拍、全景拍摄、360°高清放大等摄影技术，开发出海洋生物生态调查虚拟仿真实验教学平台，便于学生了解岩礁质海滨生物生态分布，熟悉海滨生态环境，观察不同物种的生活习性、生态特征，了解生物体之间及生物与环境之间的关系，使学生更快捷地掌握海滨动物标本的采集方法和海滨生物生态调查研究方法。

随着环境污染的产生和日益加剧,海洋生态毒理学研究变得愈发重要。海洋环境中日益增加的各种污染物具有什么样的生物效应,对生物个体、种群、群落乃至整个生态系统具有什么样的危害呢?海洋生物实验室便可供开展生态毒理学、污染生物学、生态学实验与实习等方向的实验研究,从而使人们科学地了解污染物造成的一系列危害。

海洋生物实验室是中国海洋大学海洋生命科学国家级实验教学示范中心的重要模块,目前共设置了8门与海洋生命科学研究相关的实验课程,包括动物生物学实验、植物生物学实验、生物化学与分子生物学实验、微生物学与免疫学实验、细胞与显微技术实验、海洋生物学综合实验、海洋生态学综合实验以及海洋生物技术综合实验。还设置了2门创新与产业化实践类课程,包括科研创新实验和实践技能创业实验,供学生自主开展创新、创业实验。例如,学生利用废弃藻渣转化为生物能源,在创新型异源细胞协作平台、最简启动子元件优化等领域取得创新成果,参加国际基因工程机器大赛(International Genetically Engineered Machine Competition,iGEM)并多次获得世界级奖项。

海洋研究的法宝

➡➡ **海洋药物实验室**

海洋药物是指来自海洋的药物，是以海洋生物为药源、以海洋生物活性成分为基础研制开发的有效药物。海洋生物生存的环境与陆地环境相比有着巨大的差异，在海洋独特的高盐度、高水压、氧缺乏、寡营养、低光照或无光照等环境因素的影响下，海洋生物有着特别的代谢方式和生化过程，产生了大量结构新颖的活性次级代谢产物，成为海洋药物开发的源泉。

海洋生物产生的次级代谢产物，也称海洋天然产物，是开发药物的化合物基础。已发现的海洋天然产物的化学结构类型丰富多样，包括萜类、生物碱、肽类、聚酮、聚醚等。许多化合物具有陆生天然产物所不具有的新奇骨架，多卤素取代，富含手性中心，结构特异而且复杂。海洋天然产物的生物活性也比较多样且独特，这是由其栖息环境所决定的。海洋生物之间存在着紧密而复杂的化学生态关系，许多固着生长、缓慢移动的弱小动物，如珊瑚礁中的海绵、海鞘、软珊瑚、海兔等无脊椎动物，往往依靠化学防御策略生存。正因如此，海洋天然产物普遍具有强烈的抗肿瘤、抗菌、抗病毒、抗炎、免疫调节、驱虫、镇痛等药理活性,或与酶及受体有特异性结合,从而成为药物发现的巨大源泉。

我国是利用海洋生物治疗疾病最早的国家之一,但对于现代海洋药物的研究到 20 世纪 70 年代末才开始。中国海洋大学管华诗院士,依据传统中药昆布的治疗作用,利用褐藻海带中的海藻多糖,通过分子修饰,于 1985 年成功研制了中国第一个现代海洋药物藻酸双酯钠(PSS),藻酸双酯钠现已成为防治心脑血管疾病的常用药物。这一创举开创了中国药学研究新领域,催生了海洋药物学新兴学科。

目前,国家海洋药物实验室或技术中心拥有三个规模较大的工程体系。

一是进行海洋生物活性物质提取分离的工程化技术体系。该体系拥有最先进的分离提取设备及精制仪器。如:超临界萃取系统、灌注层析工作站、切向超滤系统、多功能提取罐、高速管式离心机等,适用于多种海洋生物以及天然产物的提取分离和精制。

二是进行海洋天然产物化学改性及活性物质人工合成的工程化技术体系。该体系主要针对海洋多糖大分子化合物的分子修饰和人工合成。以上两个体系既可进行

海洋研究的法宝

单元操作又可系统作业,可视生产需要随时调节。两个体系均采用现场仪表指示,集中控制和微机自动化控制。现场手动控制和微机自动化控制为各自独立系统,互为补充。

三是用于药用微藻大量生物培养、浓缩、收集的工程化技术体系。该体系在药用微藻品系改良以及大规模养殖、收集、加工、产品开发等方面已达到国内领先水平。

海洋药物实验室配置 AKTA 快速纯化系统、实时荧光定量 PCR 仪、高速冷冻离心机、原子吸收分光光度配件、全自动样品转换系统、氢化发生装置、高效液相色谱仪、红外光谱仪、荧光分光光度计、倒置荧光显微镜、PCR仪、制备型电泳仪、超低温冰箱、生物安全柜、CO_2 培养箱、酶标仪、分子生物学平台建设小型设备、喷淋式杀菌装置、连续逆流超声提取装置、无创血压测定系统、实验动物行为记录系统、质谱检测器等仪器设备,致力于在海洋天然活性物质的发现与利用以及技术研究方面取得重大突破。

▶▶ 海洋数值模拟

对于海洋科学研究来讲,理论分析、实验研究和海洋数值模拟是三种互为支撑的研究手段。理论分析是对复杂的海洋现象进行科学抽象和简化,得出在理论上描述该种现象的表达式。理论分析的优点在于得到的结论具有普遍性,各种影响因素清晰可见,是指导实验研究和验证数值模拟结果的理论基础。

尽管通过观测设备取得第一手的观测资料是非常重要的,但是对海洋的实地观测在时间和空间上的覆盖率非常有限,所以通过海洋数值模拟再现三维海洋的变化便成为进行海洋科学研究一个非常重要的研究方法。

海洋数值模拟是一种对复杂海洋要素的变化进行仿真模拟的技术,就是以电子计算机为手段,通过数值计算和图像显示的方法对海洋问题进行研究。实际上,我们可以将海洋数值模拟理解为用计算机对海洋现象进行研究的实验。

什么是海洋数值模式呢?它是一种可以为科学家提供探讨海洋里各种现象发生机理的非常方便的工具,这种工具可以将控制海洋现象的非常复杂的方程或方程组变成可以计算和预报的程序代码,以某一时刻海水状态为初始状态,充分考虑海水边界的各类作用,通过数值计算方法(如有限差分法、有限元法等)来求解海水运动方程组,以获得特定时刻或特定情景下的海水状态的近似

海洋研究的法宝

解,能够实现上述过程的计算机代码被称为海洋数值模式。

现在已有较多的数值模式,根据模拟对象的不同,可分为大气、海洋、海冰、地质、生物等方面的数值模式。现在的数值模拟有各模式独立模拟,譬如只模拟海洋、大气或者生物过程;也有多模式耦合模拟,即同时模拟大气、海洋过程等。科学家期望应用这些数值模式建立起关于地球的模拟系统,以此来研究气候与环境的演变机理、自然和人类与气候变化的相互作用以及气候变化的研究和预测。

数值模拟为科学家提供了一个探讨海洋里各种现象发生机理的便捷工具,其作为科学研究工具的作用也愈发突出。截至目前,基本上每个海洋科学研究发展状况较好的国家都会针对本国的海洋和天气预报场景需求开发相应的预报模式,使用大型计算机服务器模拟现实中的海洋要素并应用于海洋科学的研究。

➡➡ 流体力学模拟

流体力学模拟可理解为用计算机来进行一个流体力学实验,它涉及了数学、流体力学和计算机科学等学科。将解决某一流体问题的流体力学微分方程组、应用数学的离散方法及差分方法进行数值化并通过计算机程序实现计算,是流体力学模拟的核心流程。

进行流体力学模拟时,研究人员不再致力于获得流体力学方程的理论解,而是采用计算机模拟来对待流体现象的发生。比如为解决某一特定机翼的绕流,研究人员采用高效率、高准确度的计算方法,通过编制程序计算并将其计算结果在显示屏上显示,可以看到流场的各种细节:如湍涡是否存在,它的位置、强度、流动的分离、表面的压力分布、受力大小及其随时间的变化等。通过上述方法,人们可以清楚地看到并分析湍涡的生成与传播。总之,数值模拟可以形象地再现流动情景,与做实验没有什么区别。

随着计算机技术的逐步发展,流体力学模拟技术在海洋、气象、航空等各个领域都有着愈发广泛的应用。

流体力学模拟过程的基本逻辑是:

(1)使用有限个数节点值的集合代表时空坐标中的连续物理场。

(2)通过离散方法,将难以求解的微分方程组离散为易于求解的代数方程组。

（3）通过迭代计算，逐步逼近所求变量的真实值，获得高精确度的近似值。

在进行流体流动问题的求解之前，首先需要建立反映流体运动问题本质的控制方程，建立反映问题各变量之间的微分方程及相应的定解条件。控制方程包括质量守恒方程、能量方程和动量守恒方程（也称N-S方程）等，它们详细地描述了流体的运动过程。

方程建立之后，需要解决的问题是寻求高效率、高准确度的计算方法。流体力学方程有许多种求解方法，其底层的数学原理不完全相同但有着共通之处，即离散化和代数化。总的来说，其基本思想是：将连续的求解区域依照一定的规则划分成网格或子区域，在其中设置有限个离散点（也称节点），将求解区域中的连续函数离散为这些点上的函数值；将作为控制方程的偏微分方程转化为联系节点上待求函数值之间关系的代数方程（离散方程），求解所建立起来的代表方程以获得求解函数的节点值。不同数值方法的主要区别在于离散方式不同，在流体力学数值方法中，应用比较广泛的是有限差分法、有限元法和有限体积法。

在确定了计算方法后，就可以开始编制程序、进行计算。实践表明,这一部分工作是整个工作的主体,占据绝大部分时间。

随着计算机的发展,计算流体力学成为解决流体流动和热量传导等问题的有效工具,同时也出现了一系列计算流体力学的软件,比如 FLUENT、MIKE、CFX、Star、Adina 等。

➡➡ 海洋模式

早在 20 世纪 60 年代初期,人们便开始了海洋数值预报的研究工作。早期的海洋模式以理论模型和二维模型为主,70 年代中期开始开展三维海洋温、盐、流数值模拟方法研究。随着海洋观测技术、计算机技术的发展,海洋模式的发展进入了百花齐放阶段,国际上出现了众多不同坐标系、不同离散计算方案的全球海洋模式和区域海洋模式,这些模式被应用于海洋环流、潮汐等众多研究方向。

海洋模式主要分为区域海洋模式和全球海洋模式,区域海洋模式在小尺度和近岸高分辨率的模拟问题上有明显优势。目前,国际上用于区域海洋数值模拟和预报的模式主要有 POM、HAMSOM、ROMS 和 FVCOM 等,这些模式都基于静力平衡(即垂直压强梯度力与重力平

海洋研究的法宝

衡)以及自由表面的原始方程模式。坐标系和网格点设置也各有特点。通过水平网格和垂直坐标将海水划分成有限个体积元,利用微分的思想对海水的状态进行求解。

在模式运行之前,研究者需要提供初始条件和边界条件,初始条件就是计算的初始时刻海水状态,包括温度、盐度、流速等。由于区域海洋模式计算的是一个有边界的海域,海水不仅存在上下边界,还存在侧边界,所以需要提供这些边界在模式运行的各个时间内的状态。举个例子,对于一根铁棒,我们只要知道初始时刻的温度分布以及各个时刻铁棒两端输入和输出的温度,即边界条件,就可以通过方程求解出铁棒的每个时刻的温度分布。同理,有了初始条件和边界条件,通过海水的控制方程也可以求出各个时刻的海水状态。

全球海洋模式对全球海洋的环流及海洋状态进行模拟。与区域海洋模式不同,全球海洋模式是一个整体,所以边界主要为上下边界。由于计算区域扩大为全球,相应的分辨率也要有所降低。目前,国际上常用的全球海洋模式主要有 MOM、NEMO、HYCOM 等。

POM 是 1977 年由美国普林斯顿(Princeton)大学的 Blumberg 和 Mellor 共同建立起来的一个三维斜压原始

方程数值海洋模式,后经过多次修改成为今天的样本,是被当今国内外应用较为广泛的河口、近岸海洋模式。该模式现已被成功应用于国内外的许多区域,在20世纪80年代该模式就被相继应用于墨西哥湾、哈德逊河口和北冰洋。进入20世纪90年代后,该模式又被应用于地中海。同时,POM对于中国海的数值模拟研究也有巨大的贡献。

POM采用蛙跳有限差分格式和分裂算子技术,水平和时间差分格式为显式,垂向差分格式为隐式,把慢过程(平流项等)和快过程(产生外重力波项)分开,分别采用不同的时间步长积分,快过程的时间步长受严格的CFL判据的限制。内外模分离技术与完全的三维计算相比节省了很大的计算量。POM在每一时间积分层次上采用时间滤波以消除蛙跳格式产生的计算解。

POM是一个比较经典传统的海洋模式,其模式结构清晰,模式说明书简明扼要,模式物理过程完善,是海洋数值模式初学者学习海洋模式的首选。

➡➡ 海浪与风暴潮模式

海浪的数值预报研究始于20世纪50年代后期,60年代中期开始进行数值计算实验。80年代初,世界上

多个国家联合研发了第三代海浪模式。目前，世界各国多基于第三代海浪模式发展自己国家的海浪数值模式。现今常用的第三代海浪模式主要有 WAM、WAVE WATCH Ⅲ 和 SWAN。

WAM 模式分为浅水和深水模式，在深海考虑风输入项、非线性作用项、白冠耗散项等影响，浅水模式中则考虑了海底摩擦项的影响。

WAVE WATCH Ⅲ（简称 WW3）是由美国国家环境预报中心（National Centers for Environmental Prediction，NCEP）研发的第三代海浪模式，与 WAM 模式最大的不同体现在风输入函数的计算。在 WW3 模式中风输入函数有了更多种方案。WW3 最早仅适用于深水区，现在的模式已进行了浅水区订正。

SWAN 模式是荷兰代尔夫特理工大学基于第三代海浪模式研发出的成果。与 WAM、WW3 相比，SWAN 是针对近岸环境而研发的海浪模式。其坐标系包括球面直角坐标和无结构网格，更多地考虑了浅水区物理过程，如波浪浅化、折射、绕射、破碎等。

由于风暴潮具有巨大的危害性，科学家很早就开始对风暴潮成因及其发展机制进行研究，并将这些研究成果应用到风暴潮的预报及防灾减灾工作中。早期的预报主要采用经验公式,自 20 世纪 50 年代后,数值方法逐渐成为风暴潮预报的主要手段。经过几十年的发展,现在已经形成了很多风暴潮的数值预报系统,如美国的 SLOSH、英国的 STWS,日本、澳大利亚、荷兰等很多沿海国家也都建立了自己的风暴潮预警系统。20 世纪的风暴潮模式系统多为二维模式,在 21 世纪,随着数值方法和计算机技术的飞速发展,一些三维水流数值模型也开始发展并被应用于风暴潮数值模拟和业务预报。

美国国家海洋和大气管理局(NOAA)从 2009 年开始开展风暴潮路线图计划(Storm Surge Roadmap),该计划详细阐明了 NOAA 为应对风暴潮灾害而制定的为期 10 年(2009—2019 年)的发展规划,旨在开发新一代的风暴潮预报模式,建立更为精确的风暴潮预报体系(包含风暴潮、潮汐、浪、河流等引起的水面变化),并通过集合预报与可能性预报减小数值模式与观测中的不确定影响。近年来,各国开始大力发展风暴潮-潮汐-海浪耦合模式系统,随着波流耦合和波浪近岸增减水研究的深入与发展,越来越多的学者将风浪过程对近岸增水和近岸流场的影响也考虑到风暴潮的数值模拟当中。

➡➡ **耦合模式和地球系统模式**

要想成功预测全球气候的长期变化,解析出像厄尔尼诺、PDO等长时间的气候变化的信号,单纯使用海洋模式是无法实现的,需要考虑地球系统各个组成部分的相互作用。因此,海洋模式和大气模式甚至海冰、生态模式等必须耦合起来。所谓耦合,就是不同模式的输入和输出受其他模式影响,同时模式自身也影响着其他模式。实际上我们可以将它们融合为一个模式,比如海洋和大气耦合模式。在海洋和大气耦合模式下,对于海洋现象的研究,研究者可以在海洋模式的运算中加入基于观测的大气要素作为外部驱动(以海表面风应力或者海面热通量或淡水通量的形式),被加入的要素则被称为边界条件。类似地,大气模式也可以通过加入边界条件进行运算,包括海洋对大气传输的热量或者海洋进入大气的水蒸气等要素。若模拟海洋和大气之间的强烈的相互作用,而这两个系统又互为因果,则海洋和大气模式必须耦合到一起,在每个计算时刻都充分考虑海洋和大气的相互作用。这需要使用全球数十亿个格点采集的数据进行模式的初始化,之后才能在没有任何数据校验的情况下进行预报。

地球系统模式，就是将地球系统各个组分间全耦合的全球气候模式，通过数值计算进行对地球过去、现在和未来气候状态的模拟。通用地球模拟模式（Community Earth System Model，CESM）是美国国家大气研究中心发布的较有影响力的地球系统模式，包括 5 个地球物理子模块，分别为大气、海洋、陆地、海冰和冰盖。

地球系统模式集成了有关地球科学各个圈层、各个领域的最新研究成果，成为探索过去气候与环境演变机理、预估未来潜在全球变化情景的重要工具。近 20 年来，不少国家特别是发达国家纷纷制订地球系统模式的研发计划，并投入巨大的成本以推进发展。一个国家或地区的地球系统模式的发展水平及模拟能力已成为衡量其地学研究综合水平的重要标志。

我国海洋科学教育

> 建设海洋强国，必须进一步关心海洋、认识
> 海洋、经略海洋，加快海洋科技创新步伐。
>
> ——习近平

我国海洋科学教育始于 20 世纪 20 年代，与我国海洋事业发展紧密相伴。经过百年发展，在我国向海图强的征程中发挥着主力军和排头兵的作用。我国海洋事业的蓬勃发展也为海洋科学教育提供了更为有力的支持，为海洋科技人才提供了更为广阔的发展空间。目前，我国海洋科学的教育已覆盖大中小学，甚至已经延伸至幼儿园阶段。全国设置海洋科学类专业的高校已经有 50 余所，集中分布于沿海地区。

▶▶ 海洋科学教育体系

人类的知识代代相传，积累的知识纷繁复杂，为了更好、更高效地传承知识，人们将杂乱无章的知识按照相同、相异、相关等属性分门别类地进行了划分，并将这种具有特定的研究对象或研究领域、理论体系和研究方法的知识体系称为学科。海洋科学一级学科属理学门类，在海洋科学一级学科下设有物理海洋学、海洋生物学、海洋化学、海洋地质等四个二级学科。本科专业主要有海洋科学、海洋技术、海洋资源与环境、军事海洋学等四个专业，本科学制一般为四年。军事海洋学本科专业是为了适应国家军事海洋学人才需求而设置的，目前仅在军事院校招生，因此不作为本书介绍的内容。

▶▶ 海洋科学相关专业介绍

海洋科学主要研究海洋中发生的自然现象、性质及其变化规律，研究对象包括海水、溶解和悬浮于海水中的物质，生活于海洋中的生物，海底沉积现象和海底岩石圈，以及海面上的大气边界层和河口海岸带。海洋科学类专业知识综合性强，学生除了要具备扎实的数理化生

我国海洋科学教育

等基础理论知识和海洋科学与海洋技术方面的专业知识，还需要掌握一定的海洋观测及编程等技能。基于这些要求，国内开办海洋科学类专业的高校都特别重视将本校基础学科优势融入专业建设，以保证学生在有限的大学时光里，既夯实基础理论知识，又构建起独具特色的知识体系，这也为不同高校毕业的学生打造了差异化竞争力。

海洋科学类专业本科人才培养目标是：培养具有良好的思想道德素质和较高的人文科学素养，具有国际视野和正确的海洋观，具备坚实的数学、物理学、化学、生物学、地质学以及海洋学方面的基本理论、基本知识和基本技能，系统掌握海洋观测、海洋调查及信息处理等专业知识和专项技能，具备在相关领域从事科研、教学、管理及海上作业能力的高素质专门人才。

海洋科学类专业一级学科硕士培养目标分为知识培养目标、素质培养目标和能力培养目标。知识培养目标要求具有坚实的地球科学、海洋学基础知识，掌握系统的有关海洋科学的基本理论、基本知识和基本技能，了解学科现状、发展方向和国际前沿。素质培养目标要求具备较高科学素养，具有献身海洋、服务社会的历史使命感和社会责任感；具备严谨求实的科学态度与工作作风；具有知识产权意识,尊崇科研伦理,遵守学术规范。能力培养目标要求具有从事科学研究或独立担负专门技术工作的能力;具备运用专业知识解决科学问题及应用课题的能力;较为熟练地掌握一门外国语;可在科研院所、业务单位以及高等院校从事本专业或相关专业的科研、教学和业务工作。

海洋科学类专业一级学科博士培养目标也概括为知识培养目标、素质培养目标和能力培养目标。知识培养目标要求具有扎实宽广的地球科学、海洋学基础知识,深入系统地掌握有关海洋科学的基本理论、基本知识和基本技能,了解和熟悉海洋科学的现状、发展方向和国际前沿。素质培养目标要求具备较高学术素养,崇尚科学精神,对学术研究有浓厚兴趣;具备学术带头人或项目负责人的素质,能承担重要科研任务;具有严谨求实的科学态度与工作作风,具有知识产权意识,尊崇科研伦理,遵守学术规范;具有献身海洋、服务社会的历史使命感和社会责任感。能力培养目标要求至少熟练掌握一门外国语,具有听、说、读、写的能力;具有独立从事科学研究的能力,能在海洋科学领域从事创新性研究;具备与其他学科交叉来解决海洋科学问题的能力;能胜任高等院校、科研院所及有关行业的海洋科学教学、科研或管理工作。

我国海洋科学教育

➡➡ **课程体系**

课程设置的原则是能够支持培养目标的达成，课程体系能有效支持各项毕业要求的达成。海洋科学类专业课程体系一般包括人文社会科学类课程、数学与自然科学类课程、学科基础知识课程、专业理论课程和专业实践课程。

人文社会科学类课程主要包括政治、经济、外语、法律、伦理等方面的课程。

数学与自然科学类课程主要包括高等数学、大学物理、大学化学、普通海洋学等。高等数学主要包括微积分、常微分方程、线性代数、概率论与数理统计、数学物理方法、计算方法（又称数值分析）等。大学物理主要包括力学、热学、光学、电磁学、近代物理、理论力学、流体力学等。大学化学主要包括无机化学、有机化学、分析化学、物理化学、仪器分析等。

学科基础知识课程应包括学科的基础内容，能体现数学和自然科学在本专业应用的能力培养。

专业理论课程和专业实践课程应能体现系统设计和实施能力的培养。根据专业培养能力要求，不同高校专业培养方向有所差异，突出特色优势。

海洋科学专业一般设置物理海洋学、海洋生物学、海洋化学、海洋地质等专业方向。物理海洋学方向的主要专业课程包括物理海洋学、卫星海洋学、海洋要素计算与预报、近海区域海洋学、大气科学概论、海洋调查方法。海洋生物学方向的主要专业课程包括海洋生物学基础、海洋浮游生物学、海洋底栖生物学、海洋鱼类学、海洋生态学、海洋藻类学。海洋化学方向的主要专业课程包括有机波谱分析、海水分析化学、化学海洋学、海洋物理化学、海洋环境化学、海洋资源化学。海洋地质方向的主要专业课程包括普通地质学、结晶学与矿物学、晶体光学、岩石学、古生物及地史学、构造地质学、应用地球物理学、地球化学、海洋地质学、海底探测技术、海洋沉积物分析。

　　海洋技术专业一般设置海洋声学技术、海洋光学与激光探测技术、海洋遥感技术、海洋生物技术等专业方向。海洋声学技术方向的主要专业课程包括声学基础、水声学原理、声学测量、海洋探测与数据处理、声学基础实验、水声专业实验。海洋光学与激光探测技术方向的主要专业课程包括海洋光学导论、激光原理与技术、海洋探测与数据处理、光谱学、海洋光电探测实验、海洋光学专业实验。海洋遥感技术方向的主要专业课程包括海洋遥感、地理信息系统原理及其海洋应用、海洋探测与数据

我国海洋科学教育

处理、海洋测绘、海洋遥感专业实验、海洋 GIS 专业实验。海洋生物技术方向的主要专业课程包括海洋生物学、海洋微生物学、海洋生态学、生物化学、遗传学、细胞生物学、分子生物学、基因工程、细胞工程、发酵工程、生物工程下游技术。

海洋资源与环境专业一般设置海洋生物资源、海洋地质资源等专业方向。海洋生物资源方向的主要专业课程包括普通动物学、海洋藻类学、鱼类学、普通生态学、海洋环境生态学、水生生物学、渔业资源与渔场学、海洋生物资源调查技术、增殖资源学、生物资源评估、水域环境监测与评价。海洋地质资源方向的主要专业课程包括地球科学概论、海洋科学导论、海洋地质学、海洋生物学、海洋化学、矿物学与岩石学、海洋地球物理探测、沉积岩与沉积相、海洋油气地质学、层序地层学、构造地质学与油气构造分析、油气地球化学、海洋油气综合预测。

➡➡ **核心知识**

高校注重传授学科的基本研究思路和研究方法，引入基础研究和应用研究的新进展。根据海洋科学学科、行业、地域特色和学生就业、未来发展的需要，介绍生命科学、环境科学、地球系统科学等相关学科的知识和相关实验仪器设备与实验技能,拓宽学生的知识面、开阔学生视野。

海洋科学核心知识大致可分成理论核心知识和实践核心知识两类。

✤✤ 理论核心知识

海洋科学专业的学生应熟知物理海洋、海洋生物、海洋化学、海洋地质、海洋探测技术、海洋生物技术、海洋生物资源、海洋地质资源等方面的核心知识要点。

物理海洋方面重点掌握海洋中的流体动力学和热力学过程的基本知识,包括海洋中的热量平衡和水量平衡,海水的温度、盐度和密度等海洋水文状态参数的分布和变化。熟悉海洋中各种类型和各种时空尺度的海水运动(如海流、海浪、潮汐、内波、风暴潮、海水层结的细微结构和湍流等)及其相互作用的规律等。

海洋生物方面重点掌握海洋生命活动现象、特征、组成生命的物质基础、细胞、组织、器官、系统等知识;了解生命从简单到低等到高等的一般进化规律,海洋植物、动物、微生物等各类生物特征和机能及亲缘关系,重要动物类群的形态结构、机能及其与环境和人类的关系,生命结构与机能的统一、结构机能与环境的统一、结构机能与生

我国海洋科学教育

物进化的统一，海洋生产力、海洋生物资源、海洋生态系统结构与功能、全球海洋生物多样性，全球保护和人类活动对海洋生态系统的影响，以生态系统为基础的海洋管理等方面的基本知识和基本理论。

海洋化学方面重点掌握海洋化学的概念、理论体系和历史发展；熟知海洋的形成和海水的组成，液态水的结构、离子水化作用和离子–离子相互作用，海洋中的基本化学作用（包括酸碱作用、络合作用、氧化还原作用、沉淀溶解作用、界面作用等），海水状态方程，海水热力学基础，海水中常量元素和海水综合利用初论，海水中微量元素和海洋重金属污染，海水中的溶解气体，海水碳酸盐系统，海洋中的营养盐和环境海洋化学，海洋有机物和海洋生产力，海洋同位素化学及其应用，海洋化学的理论模型和物质全球循环，海洋资源、环境和可持续性发展，海洋化学若干发展前沿课题，海洋化学、海洋环境化学及海洋污染等常规调查项目的分析原理、样品采集、处理、贮存、测试方法、数据处理及与其他海洋学分支学科的综合交叉分析。

海洋地质方面重点掌握地质学和海洋学的基础知识，结晶学与矿物学基础知识，晶体光学基础和光性矿物学，岩浆岩、沉积岩和变质岩的基本特征、岩石类型、鉴定特征、成因演化及其与矿产形成之间的关系,古生物与地史学的基础知识,构造地质学基础知识,地球物理学基础及其地质应用,地球化学基础知识,海底地形地貌,海洋岩石圈组成,海洋沉积、海底构造、海底矿产资源,海底岩石类型与分布,古海洋学与全球变化,海底探测技术与方法,海洋沉积物分析方法,海洋环境保护和海洋权益。

海洋探测技术方面重点掌握海水状态方程,海水的层化,海洋环流与水团,海洋中各种时空尺度的海水运动,海洋水文要素调查,海洋资料处理,放大电路,逻辑电路,微机基本结构及接口技术,数值计算,时间系统时域及频域分析,理想流体介质及固体中波的辐射、传播,声呐方程,波动方程及其解,水声发射、传播和接收,声学测量基本方法,声呐信号处理方法,典型光电转换电路原理与特性,光谱学基本原理,光谱技术,激光器原理,激光技术,海洋水体光学性质,海洋大气辐射传输理论,遥感基本原理,微波遥感基础,遥感测量系统,遥感数据获取及处理,数字图像处理方法,海洋地理信息系统,空间数据采集与处理,海洋大数据挖掘原理与方法,空间信息可视化。

海洋生物技术方面重点掌握植物、动物、微生物的形态、结构、分类、生长、进化等基础知识,生物体的化学组成、遗传变异基础知识,细胞和分子水平上生物功能及结

构和功能的关系的基础知识,海洋生物四大类群的形态
结构、分类、资源开发及合理利用的基础知识,基因工程、
酶工程、发酵工程及生物工程下游技术的基础知识,海洋
生物技术的概念,海洋食品及药物资源研究与开发,海洋
经济动物养殖,海洋资源和环境管理与监测等方面开发
与应用。

　　海洋生物资源方面重点掌握主要水生生物类群的形
态特征、生态习性、地理分布,生态系统框架中的个体、种
群、群落和生态系统等不同层次的生态学原理,海洋生态
学基本理论,海洋生态环境受损与生态监测评价方法,生
态恢复与生态系统管理以及海洋环境保护和可持续发展
理论,渔业生物种群生活史特征及渔场形成特征与机制,
鱼类种群划分、年龄与生长、繁殖、食性、洄游分布、渔场
与渔情预报等渔业资源基础研究理论与方法,鱼类或渔
业生物的生长、死亡等有关参数的估算以及研究其生长、
死亡和补充的规律,资源量和渔获量的评估与预报,水域
环境质量监测与评价的基础理论与评价的方法,渔业资
源增殖的基础理论与基本模式,海洋生物资源调查的技
术要求和调查要素,样品分析及资料整理的基本要求和
方法,海洋生物群落结构分析与评价的方法,渔业资源的
保护与可持续利用等。

海洋地质资源方面重点掌握地球科学和海洋学的基础知识,海底地形地貌、岩石圈组成特征、海底构造的类型和成因、海底岩石和沉积物类型与分布、海洋沉积过程,矿物学和岩石学基础知识及主要类别的鉴定特征、成因演化及其与矿产形成之间的关系,海洋化学、海洋地球化学和海洋油气化学基础知识,海洋生物和微体古生物的主要类别与形态和生态特征,地质微生物学基本知识和分析技能,古生物与地史、地层学和层序地层学的基础知识,古海洋学,海岸带动力学,海底矿产资源主要类别与分布特征,石油天然气地质学基础知识,海洋地球物理勘探原理、方法与应用,沉积盆地分析,海洋调查技术与方法、海洋环境保护和海洋权益相关基础知识。

❖❖ **实践核心知识**

海洋科学是一门以观测为基础的自然科学,实践性是它的一个基本而显著的特点。因此,实践能力的培养贯穿于海洋科学类专业本科生培养的全过程。海洋科学类专业对实践教学尤为重视,综合实力较强的高校往往建设有独立的专门用于学生野外实习的海上调查船只以及海上实践教学基地。通过在实践中的锻炼与体悟,学生磨炼了意志,克服海上作业可能出现的晕船、呕吐等困难,大大加深了对海洋科学知识的理解,培养了自主创新

意识与团队协作精神,增强了驾驭海洋的能力。

物理海洋方面一般开展大学物理实验,流体流动基本现象、流动的基本测量、基本规律实验,物理海洋室内模拟实验,海洋基本要素的计算与模拟实验,海洋调查方法、仪器操作与海上实践等。

海洋生物方面一般开展无机及分析化学实验、有机化学实验、大学物理实验、海洋生态学实验、普通动物学实验、动物生理学实验、细胞生物学实验、生物化学实验、海洋微生物学实验、鱼类学实验、海洋浮游生物学实验、海洋底栖无脊椎动物学实验等。

海洋化学方面一般开展无机化学实验、分析化学实验、有机化学实验、物理化学实验、仪器分析实验、海水分析化学实验、化学海洋学实验、海洋学和海洋化学专业实习等。

海洋地质方面一般开展无机及分析化学实验、普通地质学实验、结晶学与矿物学实验、晶体光学实验、岩石学实验、古生物与地史学实验、构造地质学实验、地球化学实验、应用地球物理学实验、海洋地质学实验、海底探测技术实验、地质认识实习、地质教学实习、海洋地质实习等。

海洋探测技术方面一般开展海洋要素观测仪器工作方法及使用，电路的焊接、安装和制作，电路设计，各种逻辑电路设计，存储器系统，中断接口设计，数字信号处理及应用，水声发射和接收系统搭建，水声信号采集与分析，水声传播模型使用和数据分析，声场分布及自由场条件的测量，传声器声学特性测量，材料声学系数测量，基础光学仪器设备使用方法，水体光谱测量方法，水下光学成像系统，各种光学组分吸收光谱测量，海面遥感反射率测量，海洋辐射传递数值模拟，数字图像表达和描述技术，遥感数据处理及分析，各种遥感印证辐射量测量，栅格数据矢量化，地理信息系统空间分析及应用，海洋地理信息系统软件开发，海洋信息可视化算法及实现等实践。

海洋生物技术方面一般开展无机及分析化学实验、有机化学实验、植物学实验及实习、动物学实验及实习、海洋学实习、海洋生物学综合实验、生物化学实验、细胞生物学实验、遗传学实验、分子生物学实验、生态学实验、微生物学实验、基因工程实验、酶工程实验、发酵工程实验、海洋生物技术实验、生物技术生产实训等。

海洋生物资源方面一般开展无机及分析化学实验、渔业资源生物学实验、有机化学实验、增殖资源学实验、植物学实验、普通动物学实验、鱼类学实验、水生生物学

实验、水环境化学实验、浮游生物学实验、普通动物学实习、海洋学实习、增殖资源学实习、海洋生物资源与环境调查实习等。

海洋地质资源方面一般开展常见矿物、岩石和海洋微体古生物实验，海水化学和海洋地球化学分析实验，海洋生物学和微生物学实验，沉积物粒度分析方法和应用，油气有机地球化学实验，油气地质实验，海洋油气地球物理探测信息处理的基本原理、流程与实现方法，海洋地质图阅读知识，沉积相图和构造图件的编绘实验，海洋油气富集区带预测基本图件编绘实验，地震剖面和测井的综合解释实验，矿产勘查与评价技术方法，野外地质填图综合实习等。

▶▶ 国内知名高校

我国海洋科学类专业人才培养和科学研究主要集中在沿海省份的高等院校，中国海洋大学、厦门大学、同济大学、中山大学、广东海洋大学、上海海洋大学、大连海洋大学、浙江海洋大学、江苏海洋大学和海南热带海洋学院等院校是海洋科学类专业人才培养和科学研究的主要承担单位。海洋科学类院校是伴随我国沿海地区改革开放逐步发展起来的,是落实国家海洋强国战略和建设"海上丝绸之路"的重要载体,是新时代"关心海洋、认识海洋、经略海洋"的主要力量。海洋科学类院校对促进国家海洋经济与社会发展,以及海洋生态文明建设发挥了重要的引领作用。

✤✤ 中国海洋大学

中国海洋大学海洋科学学科是我国海洋科学科教事业的发源地,是培养我国海洋科学创新人才和高端人才的汇聚地。20 世纪 50—60 年代在我国最早开始海洋科学研究生教育,1981 年获批为我国首批博士和硕士学位授予单位。1988 年物理海洋学被批准为国家重点学科,1998 年成为首个海洋科学博士学位授予权一级学科点;在我国最早形成完整的海洋科学本硕博创新人才培养体系。在教育部组织的至今为止四次完整公布的全国学科评估结果中,学科整体水平得分均为"A＋"。2017 年9 月,中国海洋大学海洋科学入选国家"双一流"建设学科名单。

✤✤ 厦门大学

厦门大学是中国海洋科学研究与教育的发源地之一,1923 年即有论文见诸《科学》(*Science*)杂志。1946 年

成立中国第一个海洋学系，1981年获批硕、博士学位授权点。2017年厦门大学海洋科学入选国家"双一流"建设学科名单，在全国第四轮学科评估中获评"A＋"，加快了创建世界一流学科的步伐。2019年海洋科学专业入选第一批国家级一流本科专业建设点名单，2020年入选教育部首批基础学科拔尖学生培养计划2.0基地。

❖❖ 同济大学

同济大学海洋科学学科始于1975年，1984年成为国内高校第一个海洋地质学博士点，1991年建立国内第一批海洋科学博士后流动站，2001年被评为国家重点学科，2006年建成海洋科学领域第一批国家重点实验室，同年获批海洋科学一级学科博士学位授予点，2017年入选国家"双一流"建设学科名单，海洋科学专业于2020年入选国家级一流本科专业建设点名单。

❖❖ 中山大学

中山大学海洋科学学科始于20世纪20年代南海近岸渔业资源调查研究，经过近一个世纪的涉海研究积累，已形成以海洋动力与生态效应为特色的海洋学科。目前，海洋科学学科依托中山大学珠海校区发展，建设约35万平方米海洋学科楼群和约6 800吨级"中山大学"号科考船等一批大型基础设施和平台,并主导建设南方海洋科学与工程广东省实验室(珠海),强化多学科交叉与融合研究。

✤✤ 广东海洋大学

广东海洋大学海洋科学学科始于 20 世纪 90 年代。2000 年开始本科人才培养,2006 年开始硕士研究生培养,2011 年获批一级学科硕士学位授权点,2013 年获批一级学科博士学位授权点。2018—2020 年在广东省重点学科建设考核中结果为 A。先后获批广东省珠江学者设岗学科、广东优势重点学科、广东省高水平大学重点建设学科。2011 年获批省级特色专业建设点,2014 年实现一本招生,2019 年获批广东省一流本科专业建设点。

✤✤ 上海海洋大学

上海海洋大学于 2008 年增设海洋相关专业,2010 年获批海洋科学一级学科硕士学位授权点,海洋科学共有四个学科方向:物理海洋学、海洋化学、海洋生物学和海洋地质学。2018 年获批海洋科学一级学科博士学位授权点。

✤✤ 大连海洋大学

大连海洋大学海洋科学学科自 2003 年获批一级学

科硕士学位授权点以来，聚焦海洋资源、环境、生态三大领域，设置物理海洋学、海洋化学、海洋生物学、海洋技术、海洋环境科学五个学科方向。

❖❖ 浙江海洋大学

浙江海洋大学海洋科学学科始建于 1977 年，已有四十余年发展历史。2005 年获批海洋生物学二级学科硕士学位授权点，2010 年获批海洋科学一级学科硕士学位授权点。先后入选省重中之重学科、省一流学科（A 类）和省市共建一流学科。

❖❖ 江苏海洋大学

江苏海洋大学海洋科学学科建立于 2005 年，以海洋科学省优势学科为核心，以国家特色专业和江苏省一流专业——海洋科学、海洋技术、水产养殖学为依托，逐步形成了海洋生物资源开发与利用、重要海洋生物种质资源保护与利用、海洋药物生物技术、沿海药用生物资源开发利用、海洋动力过程与信息技术和海淤开发与近海工程等六个学科方向。

❖❖ 海南热带海洋学院

海南热带海洋学院海洋科学学科于 2017 年入选海

南省 B 类省级特色重点学科,同年成为海南省硕士点的培育学科(2017—2019 年),经过多年建设,海洋科学 B 类省级特色重点学科于 2020 年底成功验收并且被评为优秀,获批海洋科学一级学科硕士学位授权点。

海洋科学就业前景

> 建设海洋强国是中国特色社会主义事业的
> 重要组成部分。
>
> ——习近平

2018 年,习近平总书记在山东考察时强调:"建设海洋强国,我一直有这样一个信念。发展海洋经济、海洋科研是推动我们强国战略很重要的一个方面,一定要抓好。关键的技术要靠我们自主来研发,海洋经济的发展前途无量。""海洋经济发展前途无量。建设海洋强国,必须进一步关心海洋、认识海洋、经略海洋,加快海洋科技创新步伐。"在国家领导人的亲切关怀下,我国海洋经济保持平稳发展,2006—2019 年我国海洋生产总值逐年上升,由20 958 亿元增至 89 415 亿元。2021 年,我国海洋经济总量再上新台阶,海洋生产总值首次突破 90 000 亿元,达 90 385 亿元,高于国民经济增速 0.2 个百分点,对国民经济增长的贡献率为 8.0%。2022 年全国海洋生产总值继续保持增长,达 94 628 亿元。在海洋经济的快速发展过程中,产业结构也由单一的海洋渔业、海洋盐业等迅速向多样化发展,现代海洋油气开发、海水养殖、海洋化工,海洋药物和保健食品、海洋能利用、高端海洋装备制造等新兴产业加速扩展。2022 年,海洋传统产业中,海洋渔业、海洋水产品加工业实现平稳发展;海洋油气业、海洋船舶工业、海洋工程建筑业、海洋交通运输业以及海洋矿业均实现了 5% 以上的较快发展。海洋电力业、海洋药物和生物制品业、海水淡化等海洋新兴产业继续保持较快增长势头。海洋产业的高质量发展迫切需要高素质的海洋科技人才。

▶▶ 行业前景和主要行业发展情况

科学源于人类对世界的好奇,科学是人类对客观世界的认识,海洋科学的产生也是源于人们探索海洋奥秘的兴趣,海洋科学的发展主要依靠观测手段和工具的不断进步。人类在经历了早期海洋探索、近海海洋调查和科学考察后,对于海洋的规律形成了基本的认识。进入

海洋科学就业前景

21世纪这个被公认的"海洋世纪"，人类已经铺开了一张"空、天、地、海"一体化的观测大网，乘风破浪，挺进深海。2018年，科学出版社出版的《10000个科学难题——海洋科学卷》列出了274个海洋科学难题，涉及物理海洋学、海洋气象学、海洋化学、生物海洋学、海洋地质学、区域海洋学、海洋生态与环境、海洋与全球变化等8个研究领域。这些问题，由国内外60余位活跃在海洋科学研究一线的知名学者甄选编撰，皆为事关人类可持续发展的重大科学问题。海洋爱好者可以在这些问题的导引下，寻幽入微，一层层地揭开海洋神秘的面纱。

➡➡ **行业前景**

海洋产业是指人类开发利用各种海洋资源，发展海洋经济而形成的生产、生活事业。按其形成的时间可分为传统海洋产业与新兴海洋产业，传统海洋产业主要包括海洋交通运输业、海洋渔业、海洋盐业、滨海旅游业等；新兴海洋产业主要包括海洋高端装备制造、海洋生物医药、智慧海洋、海洋生物育种与健康养殖、海水综合利用、深海战略性资源开发、海洋可再生资源等。世界海洋经济已经形成了四大支柱产业，分别为海洋渔业、海洋石油和天然气行业、海洋交通运输业、滨海旅游业。经济合作与发展组织海洋经济数据库的测算结果显示,2030年全球海洋经济产出将超过3万亿美元,占世界经济增加值的2.5%,预计超过一半的海洋产业的产值增速将超过全球经济增速。世界主要海洋国家有美国、英国、日本、澳大利亚等,2018年,美国海洋经济依托的企业能够提供的就业岗位达230万个。我国有学者统计分析了2018—2019年我国的海洋行业招聘信息,涉海单位主要集中在我国的东南部城市,对学历要求逐年提高,集中在本科及以上。

➡➡ 主要行业发展情况

✤✤ 海洋渔业发展情况

作为传统海洋产业,海洋渔业在我国发展历史悠久,是海洋经济的四大支柱产业之一。"十三五"期间,我国海洋渔业综合能力保持在高水平稳定状态,产业结构更加合理,呈现出由传统养殖向绿色健康养殖、由近海养殖向深远海养殖、由数量增长型向质量效益型转变的良性发展态势,已发展成为一个集养殖、捕捞、加工、贸易、科研、增殖渔业和休闲渔业于一体的较完整的产业体系,在提供优质动物蛋白和保障国家粮食安全供给方面发挥了十分重要的作用。总体看来,综合生产能力保持在高水

海洋科学就业前景

平稳定状态,单位面积的海水养殖产品产量由 2015 年的 8.1 吨/公顷提升到 2019 年的 10.3 吨/公顷,养殖效率得到极大提升,2022 年单位面积的海水养殖产品产量继续提升至 10.97 吨/公顷。海洋渔业产业结构进一步优化,2019 年,海洋捕捞产量为 1 000.2 万吨,海洋捕养比从 2015 年的 41∶59 优化到 2019 年的 33∶67;新技术渔业为海洋渔业发展注入了新活力,深远海养殖为海洋渔业发展拓展了新的空间,信息化建设推动了智能化养殖,依托科技资源优势不断推进海洋渔业修复及生态环境改善。

✦✦ 海洋油气业发展情况

自 2016 年以来,海洋油气增加值呈现逐年上升趋势。"十三五"期间,海洋原油产量占全国原油产量的比重一直处于 25％左右,小幅波动,呈现先降后扬态势,而海洋天然气产量逐年上升。受国际形势影响,国际油价持续走低,在保障国家能源安全、实现油气增储上产的总体要求下,我国加大了对海洋油气的勘探开发力度,海洋油气产量逆势增长,2020 年全年实现增加值 1 494 亿元,同比增长 7.2％。2022 年保持相同增长率,全年实现增加值 2 724 亿元。我国油气资源最丰富的南海,绝大部分油气资源隐藏在深水区域,过去由于技术和装备限制,我国深水区域油气勘探程度十分有限,随着科技进步和装备能力建设的不断发展,我国深水油气勘探开发已经拉开大幕。2021年6月25日,我国首个自营超深水大气田"深海一号"投产,而气田的"心脏"就是由我国自主研发建造的全球首座十万吨级深水半潜式生产储油平台——"深海一号"能源站。这个能源站最大排水量达11万吨,相当于三艘中型航母。这一突破标志着我国海洋石油勘探开发和生产能力实现了从300米到1 500米超深水的历史性跨越,进入"超深水时代"。

✤✤ 海洋生物医药业发展情况

我国海洋生物医药业呈快速增长态势,其增加值从2010年的83.8亿元增加到2020年的451亿元,市场需求快速增长。2022年全年实现增加值746亿元,同比增长7.1%。新产品种类逐步增加,产品功能多元化,据不完全统计,我国海洋生物企业生产的海洋药物和生物制品超过400种,但海洋药物种类较少。近年来,我国海洋生物医药业呈集群化、专业化发展趋势,形成了以青岛、上海、厦门、广州为中心的四个重点区域,基本建立了以海洋创新药物、海洋生物医用材料、海洋功能食品、海洋生物农用制品为主的产业体系,市场规模不断扩大。我国自主研发的海洋药物约占全球已上市产品类目的

30％,海洋糖类药物研发进入国际先进行列,建成了全球规模最大的海洋微生物资源宝藏库。未来,我国海洋生物医药业的研究开发能力和国际竞争能力将不断增强,在研制绿色、安全、高效的新兴海洋生物功能制品,构建海洋医药和生物制品中高端产业链等方面持续发力。

❖❖❖ **海上风电业发展情况**

"十三五"以来,我国海上风电场的建设表现为高速增长。截至2022年底,海上风电累计并网容量比上年同期增长19.9％,海上风电累计装机容量跃升至全球第一位。我国自主研发的兆瓦级潮流能发电机组连续运行时间保持世界领先。"十四五"期间,我国规划了五大千万千瓦级海上风电基地。《"十四五"可再生能源发展规划》提出:优化近海海上风电布局,开展深远海海上风电规划,推动近海海上风电规模化开发和海洋能示范化开发,重点建设山东半岛、长三角、闽南、粤东、北部湾五大海上风电基地。目前,各地出台的海上风电业发展规划规模已达8 000万千瓦,到2030年累计装机将超过2亿千瓦,这将推动海上风电业实现更高速度发展。

❖❖❖ **海水淡化与综合利用业发展情况**

我国的海水淡化与综合利用业起步较早,自"十三五"以来,我国海水淡化与综合利用业呈稳步上升态势,截至 2021 年底,全国现有海水淡化工程 144 个,海水淡化工程产水总规模为 185.6 万吨/日,比 2020 年增加了 20.5 万吨/日;年海水冷却用水量 1 775.1 亿吨,比 2020 年增加了 76.9 亿吨;新发布海水利用标准 9 项,包括国家标准 4 项、行业标准 5 项。2022 年,海水淡化与综合利用业全年实现增加值 329 亿元,比上年增长 3.6%。海水淡化与综合利用业市场前景广阔,随着沿海产业结构调整的不断深入和经济的快速发展,沿海火电、核电、钢铁、石化等行业海水冷却用水量稳步增长。

✦✦ 海洋船舶与海洋工程装备制造业发展情况

2022 年,海洋船舶工业全年实现增加值 969 亿元,比上年增长 9.6%。海船完工量为 1 295 万修正总吨,比上年增长 7.6%。一批全球领先的高端、绿色海船完工交付,海洋船舶工业进入速度与效益共同增长的发展周期。我国世界造船大国的地位也进一步巩固。2021 年造船完工量、新接订单量、手持订单量分别占全球的 47.2%、53.8% 和 47.6%,海洋工程总装进入第一方阵,市场份额保持全球领先。2021 年,海洋工程装备交付、新接和手持订单的金额分别占全球的 44.8%、42.2% 和 44.6%。

❖❖ 海洋交通运输业发展情况

"十三五"以来,我国海洋交通运输业呈稳步上升态势,2020年海洋交通运输业增加值为5 711亿元,年均增长0.29%。2022年全年实现增加值7 528亿元,比上年增长6.0%。"十三五"期间,我国沿海港口吞吐量各年增速波动较大,呈现出明显的"M"形走势,年均增速为4.9%,较"十二五"期间放缓了2.6个百分点。从运输结构上看,随着2020年东盟成为我国最大的贸易伙伴,东盟航线成为"十三五"期间增速最快的航线,我国的航线结构也从传统的欧、美航线为主导发展为欧、美和东盟三足鼎立。我国海运船队的运力规模持续壮大,截至2021年底,达到3.5亿载重吨,居世界第二位。集装箱海铁联运规模显著增长,年均增速高达54.0%左右,占沿海集装箱吞吐量的比重由2015年的0.4%上升到2.7%。2021年,我国海洋货物周转量比上年增长8.8%,沿海港口完成货物吞吐量和集装箱吞吐量分别为99.7亿吨、2.5亿标准箱,分别比上年增长5.2%和6.4%,居世界第一;海洋交通运输业新登记企业数同比增长47.5%。我国海洋交通运输业实现较快增长,全年实现增加值7 466亿元,比上年增长10.3%。旺盛的市场需求将推动海洋交通运输业转型升级,向专业化、智慧化方向发展。

✤✤ 海洋旅游业发展情况

作为海洋经济的支柱产业,近年来我国海洋旅游业增加值占海洋生产总值的比重逐年提高,从 2006 年的 12.13％提高到 2019 年的 20.23％。海洋旅游业在实现自身产业规模不断扩充的同时,已经成为我国海洋的第一大产业,涉及旅游景区、餐饮、娱乐休闲等多种业态,在优化海洋产业结构、调整产业布局等方面发挥了较强的带动作用。未来海洋旅游业机遇与挑战并存,应适应消费需求变化,加快转型升级,用科技助力海洋新业态塑造,实现海洋旅游消费扩容提质,从而促进海洋经济高质量发展。

▶▶ 海洋科学专业毕业生去向

海洋科学专业毕业生去向主要为涉海企事业单位、科研院所、高校、部队、政府部门等,可从事海洋科学研究、海洋资源调查与开发利用、海洋生物资源与环境调查评价、海洋渔业资源增殖与养护、海洋环境监测、海洋生态环境保护与修复、海洋资源管理、海洋探测与监测仪器等领域相关的教学、科研、应用技术开发和管理工作。典型的就业单位有自然资源部各涉海类研究所、自然资源

海洋科学就业前景

部下属海洋预报台、中国水产科学研究院下属研究所、环境监测站等。

党的十八大作出了"建设海洋强国"的重大部署，党的十九大报告指出"坚持陆海统筹，加快建设海洋强国"，党的二十大报告再次指出"发展海洋经济，保护海洋生态环境，加快建设海洋强国"。海洋已经成为国家重点发展的对象，无论是教育上的投入，还是科研方面的投入，都是前所未有的。从国家层面来讲，一方面，海洋资源丰富且宝贵，海洋资源的开发和利用会给国家的发展以及人类的发展带来新的动力与契机；另一方面，在百年未有之大变局背景下，海洋上的国际竞争亦愈演愈烈，我国周边海洋形势正发生深刻复杂的变化，我们面临着海洋权益和海洋安全的新挑战。从科研技术层面来讲，海洋科学尽管发展速度快，但是由于起步晚，至今尚有大量的问题没有得到解决，海洋仍然是一个充满未知的领域，有很多未解之谜，发展空间是巨大的。与此同时，随着海洋环境的恶化和全球气候的变化，海洋生态环境亟待修复、保护和进行可持续发展管理。海洋人才资源是支持海洋强国建设的第一资源，海洋强国建设迫切需要一支规模宏大、结构合理、覆盖面广的海洋人才队伍。

❖❖ 现代海洋产业领军人才

现代海洋产业领军人才,是指能够突破海洋关键技术,实现科技成果转化、产业化,带动海洋传统产业升级、海洋战略新兴产业培育的高层次创新人才和产业人才。主要包括两院院士,对国家有突出贡献的中青年专家,国家和省市重点学科负责人、技术带头人,具有较高学术造诣的博士生导师、博士、专业技术拔尖人才、高级管理人才,掌握先进技术的高科技人才等。

❖❖ 海洋高技能人才

海洋高技能人才是指熟练掌握专门知识和技术,具备精湛的操作技能,能够解决关键技术和工艺难题,能够促进企业技术改造,提高企业竞争力,在实现自主技术创新等方面发挥重要作用的专门一线人才,一般应具有技师和高级技师相应职级。海洋高技能人才具有实践操作能力,不仅具有传统的手艺,还具有突出的创造能力,能够实现相关技术领域中的创新,如工艺革新、技术改良、流程改革及发明创造。

❖❖ 海洋高端服务人才

海洋高端服务人才是指海洋科技服务业的高端人才,海洋科技服务业包括海洋检验检测服务业、成果转移

海洋科学就业前景

转化服务业、科技咨询服务业、科学普及服务业、创新创业服务业、科学考察服务业等。海洋高端服务人才的培育和引进，将增强各类公共服务平台的专业性和市场化运作及服务水平，对于促进企业的技术创新、科技成果转化、市场推广、检验检测、高价值知识产权申请运用、企业投融资都具有重要支撑作用。

❖❖ 海洋创新创业型人才

海洋创新创业型人才是指具有创新意识、创新精神、创新知识、创新能力，并具有良好创新人格，能够通过自己的创造性劳动取得创新成果，在海洋领域的某一行业、某一工作岗位上为社会发展和人类进步做出创新贡献的人才。创业型人才是指具有企业家才能、强烈的创业动机、宽广的知识结构、较强的应用能力、良好的心理承受能力和高尚的人格魅力，将创业意愿变为创业行为的复合型人才。

我国著名的物理海洋学家、中国科学院院士文圣常先生为海洋科学研究燃尽一生。我国著名的海洋地质学家、中国科学院院士汪品先先生 82 岁高龄 9 天内 3 次下潜深海采样。这些老一辈海洋科学家，为了祖国富强、民族复兴，老骥伏枥、争分夺秒地逐浪前行，用热爱与生命守护着我国的海域和海岸线。现在我们拥有了"可上九天揽月,可下五洋捉鳖"的实力,听着太空授课长大的一代青少年,你们的征途不仅在星辰大海,同样还在蔚蓝大海。

参考文献

[1] 地球科学教学指导委员会海洋科学与工程分委员会. 海洋科学学科专业发展战略研究报告 [R]. 北京：全国高等学校教学研究中心，2007.

[2] 于谭,李婷,叶苏文. 海洋强国战略下海洋科学教育发展与社会需求探究 [J]. 高教学刊，2021(04)：28-31.

[3] 中国海洋科学学科发展战略研究组. 中国海洋科学学科发展战略研究报告 [J]. 地球科学进展，1995(02)：117-122.

"走进大学"丛书书目

什么是材料？	赵　杰	大连理工大学材料科学与工程学院教授
什么是自动化？	王　伟	大连理工大学控制科学与工程学院教授
		国家杰出青年科学基金获得者（主审）
	王宏伟	大连理工大学控制科学与工程学院教授
	王　东	大连理工大学控制科学与工程学院教授
	夏　浩	大连理工大学控制科学与工程学院院长、教授
什么是计算机？	嵩　天	北京理工大学网络空间安全学院副院长、教授
什么是土木工程？		
	李宏男	大连理工大学土木工程学院教授
		国家杰出青年科学基金获得者
什么是水利？	张　弛	大连理工大学建设工程学部部长、教授
		国家杰出青年科学基金获得者
什么是化学工程？		
	贺高红	大连理工大学化工学院教授
		国家杰出青年科学基金获得者
	李祥村	大连理工大学化工学院副教授
什么是矿业？	万志军	中国矿业大学矿业工程学院副院长、教授
		入选教育部"新世纪优秀人才支持计划"
什么是纺织？	伏广伟	中国纺织工程学会理事长（作序）
	郑来久	大连工业大学纺织与材料工程学院二级教授
什么是轻工？	石　碧	中国工程院院士
		四川大学轻纺与食品学院教授（作序）
	平清伟	大连工业大学轻工与化学工程学院教授
什么是海洋工程？		
	柳淑学	大连理工大学水利工程学院研究员
		入选教育部"新世纪优秀人才支持计划"
	李金宣	大连理工大学水利工程学院副教授
什么是海洋科学？		
	管长龙	中国海洋大学海洋与大气学院名誉院长、教授
什么是航空航天？		
	万志强	北京航空航天大学航空科学与工程学院副院长、教授
	杨　超	北京航空航天大学航空科学与工程学院教授
		入选教育部"新世纪优秀人才支持计划"

什么是生物医学工程？

　　　　　　万遂人　东南大学生物科学与医学工程学院教授

　　　　　　　　　　中国生物医学工程学会副理事长（作序）

　　　　　　邱天爽　大连理工大学生物医学工程学院教授

　　　　　　刘　蓉　大连理工大学生物医学工程学院副教授

　　　　　　齐莉萍　大连理工大学生物医学工程学院副教授

什么是食品科学与工程？

　　　　　　朱蓓薇　中国工程院院士

　　　　　　　　　　大连工业大学食品学院教授

什么是建筑？　齐　康　中国科学院院士

　　　　　　　　　　东南大学建筑研究所所长、教授（作序）

　　　　　　唐　建　大连理工大学建筑与艺术学院院长、教授

什么是生物工程？贾凌云　大连理工大学生物工程学院院长、教授

　　　　　　　　　　入选教育部"新世纪优秀人才支持计划"

　　　　　　袁文杰　大连理工大学生物工程学院副院长、副教授

什么是哲学？　林德宏　南京大学哲学系教授

　　　　　　　　　　南京大学人文社会科学荣誉资深教授

　　　　　　刘　鹏　南京大学哲学系副主任、副教授

什么是经济学？原毅军　大连理工大学经济管理学院教授

什么是经济与贸易？

　　　　　　黄卫平　中国人民大学经济学院原院长

　　　　　　　　　　中国人民大学教授（主审）

　　　　　　黄　剑　中国人民大学经济学博士暨世界经济研究中心研究员

什么是社会学？张建明　中国人民大学党委原常务副书记、教授（作序）

　　　　　　陈劲松　中国人民大学社会与人口学院教授

　　　　　　仲婧然　中国人民大学社会与人口学院博士研究生

　　　　　　陈含章　中国人民大学社会与人口学院硕士研究生

什么是民族学？南文渊　大连民族大学东北少数民族研究院教授

什么是公安学？靳高风　中国人民公安大学犯罪学学院院长、教授

　　　　　　李姝音　中国人民公安大学犯罪学学院副教授

什么是法学？　陈柏峰　中南财经政法大学法学院院长、教授

　　　　　　　　　　第九届"全国杰出青年法学家"

什么是教育学？孙阳春　大连理工大学高等教育研究院教授

　　　　　　林　杰　大连理工大学高等教育研究院副教授

什么是体育学？ 于素梅　中国教育科学研究院体育美育教育研究所副所长、研究员

王昌友　怀化学院体育与健康学院副教授

什么是心理学？ 李　焰　清华大学学生心理发展指导中心主任、教授（主审）

于　晶　曾任辽宁师范大学教育学院教授

什么是中国语言文学？

赵小琪　广东培正学院人文学院特聘教授

武汉大学文学院教授

谭元亨　华南理工大学新闻与传播学院二级教授

什么是新闻传播学？

陈力丹　四川大学讲席教授

中国人民大学荣誉一级教授

陈俊妮　中央民族大学新闻与传播学院副教授

什么是历史学？ 张耕华　华东师范大学历史学系教授

什么是林学？ 张凌云　北京林业大学林学院教授

张新娜　北京林业大学林学院副教授

什么是动物医学？ 陈启军　沈阳农业大学校长、教授

国家杰出青年科学基金获得者

"新世纪百千万人才工程"国家级人选

高维凡　曾任沈阳农业大学动物科学与医学学院副教授

吴长德　沈阳农业大学动物科学与医学学院教授

姜　宁　沈阳农业大学动物科学与医学学院教授

什么是农学？ 陈温福　中国工程院院士

沈阳农业大学农学院教授（主审）

于海秋　沈阳农业大学农学院院长、教授

周宇飞　沈阳农业大学农学院副教授

徐正进　沈阳农业大学农学院教授

什么是医学？ 任守双　哈尔滨医科大学马克思主义学院教授

什么是中医学？ 贾春华　北京中医药大学中医学院教授

李　湛　北京中医药大学岐黄国医班（九年制）博士研究生

什么是公共卫生与预防医学？

刘剑君　中国疾病预防控制中心副主任、研究生院执行院长

刘　珏　北京大学公共卫生学院研究员

么鸿雁　中国疾病预防控制中心研究员

张　晖　全国科学技术名词审定委员会事务中心副主任